美味穀物的科學

從水稻、玉米、小麥、蕎麥、雜糧的進化，人工栽植技術到營養價值分析

井上直人 著 黃怡筠 譯

晨星出版

推薦序

稻米是台灣、日本以及亞洲許多國家的主食，也是全球將近一半人口（約三十五億）每日獲取熱量的主要來源，更是全球農業貿易上，最重要的四種經濟作物之一（依產量，次序爲玉米、稻米、小麥、黃豆）。

稻米的食用國家，百分之九十在亞洲，米食也成爲這些國家，飲食文化與習俗的一部份。例如：農民曆所記載的二十四節氣，就是中國古代訂立，用來指導農事的曆法，詳載季節、氣候與溫度的變化，而這些變化與水稻種植息息相關。包括立春雨水、清明穀雨、立夏小滿、芒種夏至等，反應水稻從播種、插秧、生長、結實、到收成各時期的天候狀況。也因此，農村許多的節慶，均配合這些節氣而進行。例如：利用稻米做成各種米食點心，以祭拜神明與祖先、慶祝闔家團圓、歡迎親友、及辦喜事。包括春節的年糕與蘿蔔糕、清明節的草仔粿、端午節的粽子、宴客時的米酒、米粉、米糕、油飯、米苔目等。由此可見，稻米不只是中國人的主食，也深深融入傳統飲食文化中，其重要性不言可喻。

全球人口不斷增加，必須加緊糧食生產，但是極端氣候變化、經濟發展與工業化，卻使可耕地大幅銳減，導致糧食產量難以提升。基於稻米是重要糧食，如何提高其產量與生產效率？已成爲亞洲各國政府極爲重視的政策。爲達到此目的，有必要研究如何提高水稻耐逆境能力與產量相關的基因，水稻基因體研究乃成爲重要的課題。日本於一九九一年開始建立水稻基因體研究的各種遺傳與技術資源，使水稻成爲穀類作物，及禾本科植物基因體研究的模式植物。一九九八年開始，日本又領導國際合作，進行水稻基因體核酸定序的浩大工程，終於二〇〇五年完成此一重大成就。而水稻基因體序列所包含的資訊，也成爲其他基因體更大的重要作物——玉米、高粱、黃豆、小麥等進行基因體核酸定序的重要參考。這些資訊，對於各種作物利用育種提高產量、抗病蟲害與耐逆境能力、及改良米質等研究極具價值。由於日本學界與政府的遠見，開啓水稻基因體的研究，對全球糧食作物的育種，有無遠弗屆的影響，實在令人敬佩。

約一萬四千年前，中國長江及淮河流域，是現代水稻開始種植的起源地，而這些地區在八千年前，即有開始系統性耕作稻田的遺跡。台灣氣候高溫多濕，非常適合種植水稻，在五千年前，原住民也已開始種植野生水稻。十六世紀時，中國移民帶著印度型的長米（秈稻）到台灣，而日本人於一八九五年也帶著日本型的短米（粳稻）到台灣。經過二十五年的育種，粳稻（蓬萊米）成爲台灣普遍種植的主要品系。今日，水稻仍是台灣栽種面積最廣的農作物。由於水稻對台灣的重要性，以及育種上與日本的淵源，中央研究院植物研究所（現已改名爲植物暨微生物研究所）於一九九九年也加入日本所領導的國際水稻基因體核酸定序計劃，負責第五條染色體的核酸定序。與國際各國同時於二〇〇五年完成此一重大計劃，使中華民國國旗，能夠昂首懸掛於畫有參與水稻基因體核酸定序之各國國旗及十二條染色體的第五條染色體上。

水稻基因體定序完成，就好像把一本字典中的每個字母按照次序排好。但是接著需要瞭解超過四萬個水稻基因的功能，就好像需要把字典中每個字的意義加以註解，才能瞭解水稻基因體中每個基因的生物功能。因此，自二〇〇二年開始，本人領導超過五十人投入的龐大研究團隊，結合中央研究院、科技部、農委會農業試驗所、及國立中興大學的各項資源，歷經長達十三年的努力，於二〇一五年完成水稻突變種原庫及突變基因資料庫，成為全球研究水稻基因功能重要的資源，也豎立另一個與國際合作的里程碑。

中國悠久歷史深深影響日本，而日本近代文化又廣大影響台灣。中國、台灣與日本，在水稻育種、研究與文化上，有深厚的淵源、相同的耕種方式、類似的飲食習慣，交流從未間斷，甚至在面臨稻米食用人口日益下降，及國際貿易競爭上的問題也類似。井上博士的這本書，從稻米及其他穀類為主食開始，從科學角度來剖析育種栽培、型態構造、生理生化、生態環境、營養加工、及未來展望，有非常精闢的見解，深入淺出而易懂。

雖然這本「美味穀物的科學」的日文書於二〇一四年已出版，但是經過文筆洗鍊、用詞流暢的中文翻譯，連我這一生幾乎都在研究水稻的學者，也覺得獲益匪淺。這本書的內容，其實也是台灣稻米科學與文化的一面鏡子，無論是日文或中文，都非常值得兩國人民一讀。因此，我非常推薦大家也能閱讀這本書，將對我們的主要糧食有更深入的認識。除了感激大自然創造出這些特殊的植物，也對聰明的老祖先、辛勤耕作的農夫，與農業專家長期育種的豐碩成果，讓我們今日得以享受這些豐富美味營養的穀物，致上最深忱的敬意。

中央研究院分子生物研究所
特聘研究員／教授／院士
余淑美
二〇二〇年十月三十日

台灣中文版序　台日兩國對稻作的貢獻

值此著作在台灣發行中文版之際，很榮幸能在此致上感謝之意。在各位協助本書出版的同仁努力下，很高興有機會將中文版呈獻給以中文為母語的台灣讀者以及其他中文書籍的讀者眼前。我要在此要向各位同仁致上深深的謝意。因為中文版的翻譯出版，讓我回想起一九九八年在台中農業改良場舉行的亞洲作物學會，對當時的情形內心充滿感激，同時農改場色彩豔麗的「稻田藝術節」活動也讓人回味無窮。

台灣與日本在穀物方面的聯繫非常密切。本書中也提到，日本的研究人員為了培育出適合台灣栽種的稻米品種，將台灣的品種與日本的良質米品種進行交配，培育出「台中六十五號」，並且在台灣普及開來。台灣也被稱做是神仙居住的島嶼，又名「蓬萊島」，因此在一九二六年將台灣生產的稻米命名為「蓬萊米」，成了地區特產美食品牌的先驅，對振興農業貢獻良多。目前台灣所栽培的稻米百分之九十以上都是蓬萊米的子孫。這類台灣版的「綠色革命」就是由眾多日本人與台灣人共同合力達成的。

還有一件很關鍵的事情是，在第二次世界大戰後，當時為了透過提升亞洲的稻作收穫量以解決糧食問題，新培育的稻米品種就是利用台灣本地的品種。而且，這項培育開發的工作是當時居住在台灣的日本研究人員。這項亞洲「綠色革命」利用的是帶有半矮性基因的台灣在來米品種「低腳烏尖」擔任ＩＲ種群的親種。當時，倘若台灣與日本的稻子基因群與研究人員未能相逢，恐怕就無法讓「美味穀物的科學」更上一層樓。

當今全球面臨地球暖化的嚴重問題，水田產生的溫室氣體也被列為是溫室氣體的肇因之一。在本書中，介紹了像ＩＲ品種群這類「多分櫱型」水稻品種，它們的根部活力十足，群落的光合作用極為旺盛，能提供土壤豐富的氧，並抑制水田釋出甲烷。從環保的觀點來看，台灣的基因資源以及農業技術，今後可望對亞洲的穀物科學做出更多貢獻。

在本書中雖然未提到，其實台灣有一種特有種的雜穀，名為「台灣油芒（*Eccoilopus formosanus* Rendl.）」，這種雜穀是一種珍貴的作物，也是讓地區驕傲的作物。

最後，希望本書能激發台灣讀者們對各種穀物產生更多興趣，並且體會到多元思考的樂趣。

二〇一九年十二月九日 於冷冽的長野縣伊那山區

井上直人

前言

米飯、麵包是我們的日常糧食。米飯來自稻米，麵包來自小麥，兩者皆爲穀物。穀物是人類最常見且最重要的糧食，儘管如此，我們對穀物的了解卻極爲淺少。

舉例而言，越光米是知名的稻米品牌，但是爲什麼稻米需要命名？有品牌的米和沒有品牌的米有什麼差別？進一步來看，到底所謂好吃的米怎麼定義？

換個角度來看穀類，爲什麼水稻必須種在水田中？爲什麼種稻以前必須先插秧？農民爲什麼在夏天將水田裡的水放乾？米又爲什麼需要經過精製，製成白米？爲什麼小麥必須製作成麵包後食用？雜糧又是什麼東西。爲什麼亞洲一般種植的是稻米？爲什麼美國栽種最多的是玉米？歐洲種植最多的爲什麼是小麥？爲什麼日本的信州蕎麥很有名？

要從科學的角度解釋對穀物的種種疑問其實是一門高深的學問。人類配合自己對口感味道的喜好，經年累月地栽種、培育穀物，這件事很難單純從生物學的角度來看，穀物的進化也無法單從生物學的觀點解釋。在穀物的進化過程中，影響進化的還包括了勞動效率、美學意識、口感、喜好等各種人類對穀物的要求要素。正因如此，我們在看穀物時，必須從各個面向去解釋穀物。

本書的主角是「三大穀物」——稻米、小麥、玉米，我將介紹的重點放在「穀物的進化」、

「穀物發展是人工栽種的過程」以及「糧食的特質」等方面。書中除了涵蓋自然科學以及人文科學的觀點外，也跨越數種專業領域解說、分析。除此以外，近年來在米飯中添加小米、黍稷食用已經逐漸成爲大衆的習慣，所以本書中也同時談到了雜糧。這本書除了從農學的角度進行論述外，也談論了溫室氣體等等環境科學的研究成果，幫助讀者可從不同的面向認識穀物。

除此以外，本書中還採用系統圖介紹品牌米的稻米血緣。品牌米的口味除了品種的影響外，還包括了人、土壤、風、水等風土方面的因素。關於這個部份，筆者也採用了農民具體的品質數據說明。

本書另有新的創舉，在書中採用系統圖介紹全球蕎麥的加工與使用的方法。這本書的主軸雖然是稻米，但相較於三大穀物，蕎麥擁有更多樣的加工方式。有關蕎麥的部份，文中也介紹了日本的「蕎麥麵」，幫助讀者深入了解蕎麥麵是一種耗費龐大工夫才製作完成的食品。

近來農作物的生產者與消費者間，距離越來越遠，對一般大衆而言，穀物就像是種「謎樣的食物」。但是若能對穀物有更多的了解，讀者想必更能明白糧食問題、能源問題、健康、食品開發、傳統文化、食味（成份）、尖端農業技術等的狀況。除此之外，也希望透過這本書，吸引更多的讀者對穀物產生關注。

井上直人

第1章

日本人與稻米

1-1 為什麼日本人以稻米為主食？

加工性與保存性

「日本人經歷了什麼樣的過程，才發展出以白米爲主食的習慣呢？」這個提問儘管簡單，但是越簡單的提問，答案往往越複雜。

米是水稻（圖1-1）的果實，也稱作「穀粒」或「糙米」（照片1-1）。今日的本列島大半居民，都是以去除了穎殼、經過精製的白米爲主食。精製後的米粒經過炊煮（炊乾）即可供食用。日本人選來作爲主食的稻米，是一種「黏性（粳性）」米。日本人爲什麼以「粳稻」爲主食？追溯歷史，背後存在各種原因。但是關於人類的飲食，除了複雜的歷史發展帶來的因果關係外，還有很大一塊難已單純從邏輯的角度來解釋。

我們在觀察飲食習慣時，還必須從「加工」的角度來思考。植物的結構大半屬纖維體，不過人類跟草食動物不同，腸胃無法消化植物的纖維體。人體仰賴的養分，是植物結構中可在體內輕易分解的澱粉等糖分。但在植物結構體當中，只有少部份的植物器官存在人體容易分解的糖，而且即使存在，所含的糖量也非常少。穀物的優點包括了含易分解性糖，穀粒小，外部有殼保護所以動物不易食用。我們的祖先在草原上蒐集這類帶有芒的稻類野草，取其果實，然後集中脫殼，取出其中可被人體消化的部份食用。從此以後，稻穀成爲人類的食物，也是人類一項極爲重要的發現。

光是仰賴收集糧食的方式無法爲人類帶來安定的生活，爲了生活，人類還須貯藏一些稻穀以備不時之需。從這個角度來看，觀察飲食習慣時，第二項須考慮的重點就是「保存性」。從保存的角度來看，穀物種子比含水量豐富的塊莖類水分更少，更有利於保存利用。而且可確定的是，早在人類開始從事農耕以前，就先行發展加工和貯藏穀物，歷史較農耕更爲悠久。在全球各地的古代遺跡裡，可發現火堆中有殘留的種子存在，也有使

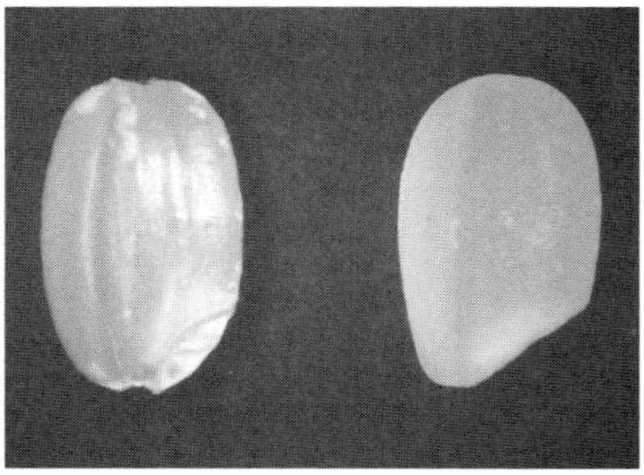

照片 1-1　糙米（左）與精白米（右）

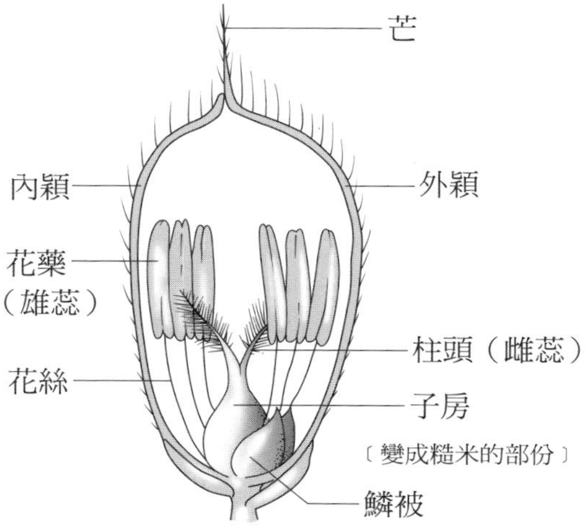

圖 1-1　稻子的花

用石頭磨碎種子的遺跡被挖掘出來。透過這些遺跡，可推斷人類先發展出稻米的加工方法與貯藏方法以後，才開始發展農耕。

動物會本能地以鼻頭或手腳去除食物中不易消化的部份，以方便食用，對稻米也一樣。人類從最早的原始加工、去除穀皮開始，後來發展到脫皮精白（去除穀物的表皮讓米變白），後來甚至還發展出製粉的技術。日本人的祖先除了利用野生的穀類外，也不斷引進其他地區發展出的各種農作物，以及它們的加工和保存方法。在這個發展過程中，人類祖先也從食用性與口味的角度挑選出各種穀物的材料。

「粳米（不黏性）」與「糯米（黏性）」

延續前述的觀點，我們在研究稻米的定位時，也從「加工性」與「保存性」的角度切入，整理了穀物的特徵，在此方向下整理出的結果如圖1－2所示。

穀物可以下列幾種區分方式分類：穎（穎穀的部份）或果皮（表皮等的組織，米糠的部份）的去除難易度、從胚乳中取出澱粉的難易度，也就是「精白的難易度」（圖1－3）。另一方面，有些品種的穀物非常堅硬，果皮與米粒緊密黏在一起，果皮不易剝除。有些穀物即使剝掉果皮，煮熟以後穀粒依然十分堅硬。這類穀物就屬不易精白的穀類，食用時必須先碾成粉後才可供利

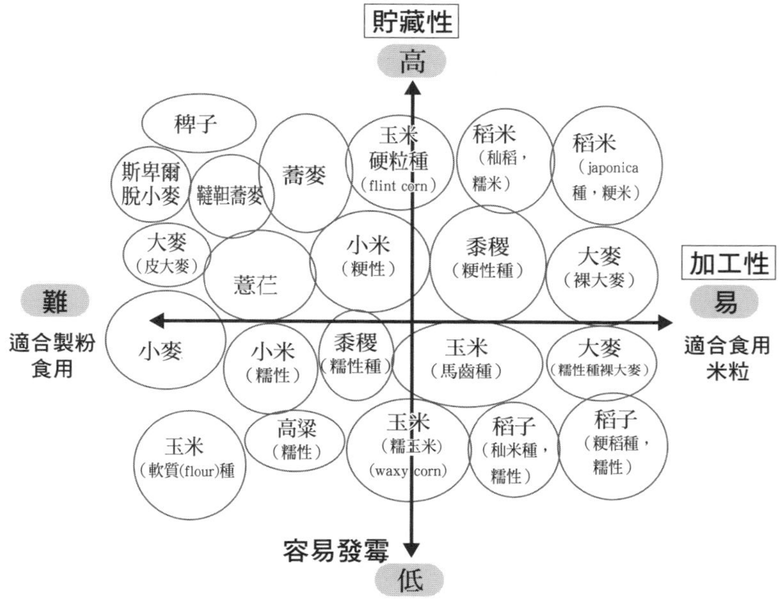

Flint Corn：硬粒種；Dent Corn：馬齒種；Waxy Corn：糯性種；Flour Corn：軟粒種。

圖 1-2　為什麼日本人以「粳性」稻米的米飯為主食？

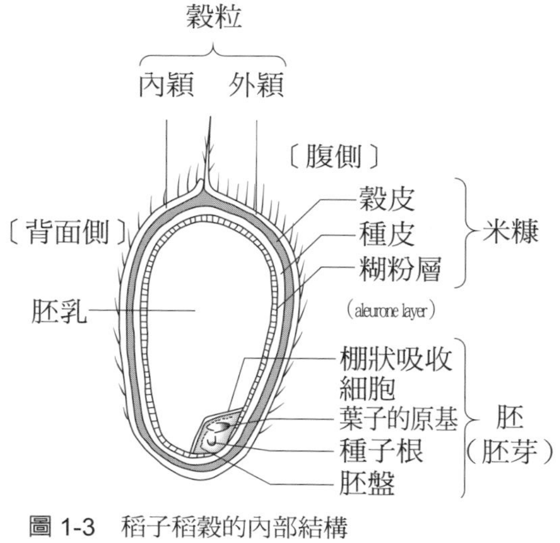

圖 1-3　稻子稻穀的內部結構

用。

而且穀物還有「粳性」與「糯性」之分（照片1－2）。「粳性」的稻穀黏性較低，屬「粳米」類的稻穀精白加工容易，同時不須經過製粉即可直接食用。這類穀物吸濕性低，保存容易。另外在

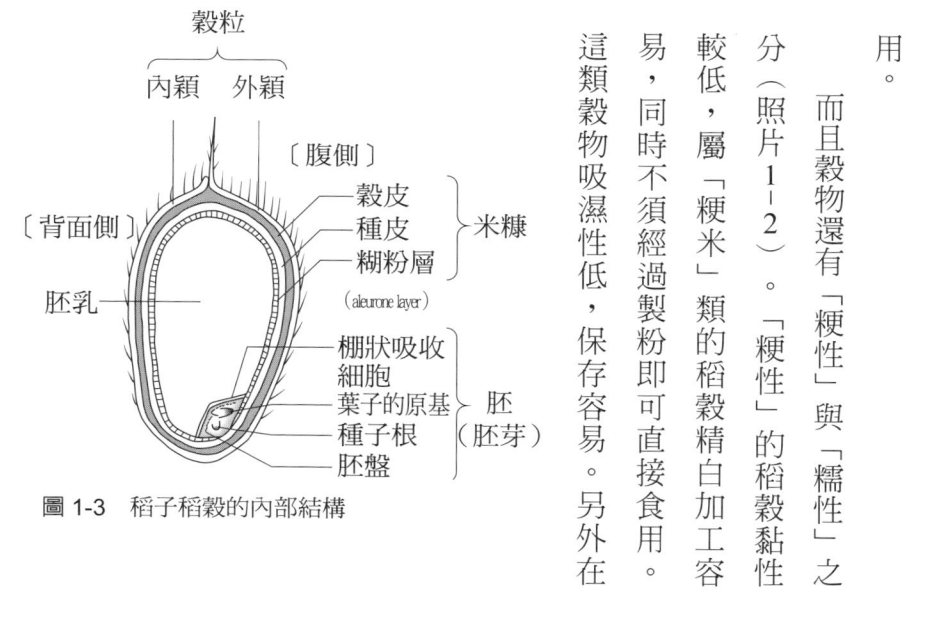

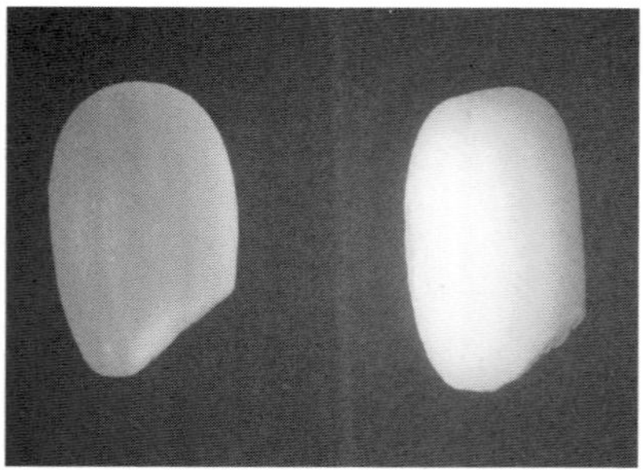

照片 1-4　經過精白的「粳米」（左）與「糯米」（右）

小麥方面，雖然同爲小麥，其間存在極大的差異。從質地軟到質地硬，種類繁多。所有的小麥不分種類都很難做精白處理，即使經過精白處理，小麥的芯十分堅硬，蒸煮以後也不會變軟，所以只能碾粉使用。碾粉時，須使用大型的臼或滾輪先將種子壓碎，然後再過篩。此外還有稗子，稗子的種子很小，而且果皮與種皮（種皮或外胚乳）緊密附著在一起無法剝離，因此不易精白，加工困難。蕎麥的果皮（蕎麥殼）雖然堅硬，但是內部的胚乳易碎，中心有胚，所以無法進行精白處理。具有「糯（黏）性」的穀物有稻子、高粱、玉米、小米（粟）、黍稷、薏苡、莧菜籽，它們的吸水速度快，容易變潮，因此容易發霉不利保存。這種特性是因爲其中所含的澱粉結構造成，「糯性」之所以寫作「糯」也是這個緣故，其中緣由留待後面詳述。

「粳性」的優點是米粒堅硬保存容易，精白處理容易，不須額外再花力氣碾粉即可直接以穀粒的形態食用。正因如此，「粳米」的用途最爲發達。

「粳性」的穀物經過炊煮就成爲米飯。儘管生米粒不易吸水，但只要使用器具即可輕鬆炊煮。曾經有考古學家指出，「全世界最早發明土器，並且使用的民族是日本的繩文文化」。從這點來看，可見炊飯的普及，是拜器具製作的發達所賜。粳米通常以「煮」的方式烹調，相對地，糯米一般則採用「蒸」的方式。這樣的區別是因爲糯米的吸水率比粳米高，所以蒸煮時所產生的「水氣」可補充原來米粒不足的水分，而且所用的器皿不須太堅硬即可蒸熟。

「糯性」穀物較「粳性」穀物容易被腸胃消化，快速的消化讓人體血糖值也隨之快速上升，爲大腦創造一股幸福感。也因此，對人類而言「糯性」穀物屬上等食品。但是爲什麼這樣的上等食品未能成爲我們的日常主食呢？這當中與「糯性」的遺傳特性有很大的關連。「糯性」雖說是基因特性的結果，但這種基因特性卻是一種負面的基因特性，在自然狀態下不易自然出現。即使小心翼翼栽培，偶然突變出現了「糯性」的品種，這些品種只要與周遭的「粳性」品種一交配，下一代就幾乎見不到「糯性」的特質。而且糯米的米粒容易發霉，保存性較差。也因此，儘管「糯性」稻米屬上等食品，但基於在栽培上很難維持特性，而且存在保存性欠佳的缺點，糯米就很難成爲日常的糧食。

精白米與「美感」

稻米去殼後所得的果實就是「糙米」。我們來看看糙米需要經過精白處理的理由。

稻米的色素也存在米糠中，除了「綠米」這種連胚乳內部都含綠色色素的特殊品種外，所有的米經過精白後都會變成白米。過去稻米的品種有各種顏色，只是發展到了最後以白米爲主流。

這當中的原因包括①經過精白的米較爲柔軟美味，②純白的食品具有「稀少性」，越是稀少越容易受到重視。換言之，食味與美感是重要的因素。

包含日本在內，喜歡白色是一種文化所產生的現象。例如在開發中國家因爲蔬菜供應的不足，導致因缺乏維他命A的夜盲症問題非常普遍。若要仰賴食物預防夜盲症，只需食用能製造維他命A、含有豐富黃色植物色素的玉米即可。但是在東非的許多國家，卻認爲黃色玉米品種是飼料用玉米，拒絕食用。對人類而言，白色品種彷彿是種讓人無法妥協的界線

但是這類不帶紅色色素的穀物保存效果低，也不耐環境壓力，很容易喪失發芽能力。不僅如此，也缺乏維持人體健康所需的營養素。儘管如此，爲什麼世界各地的人類仍然執著於白色的稻米、小麥以及玉米呢？原因之一應該是美感意識在作祟吧！

穀物如何適應環境推進進化？

到底日本人是怎麼選擇稻米作爲主食呢？在回答這個問題以前，首先必須先了解穀物的狀況。

穀物的進化十分複雜，儘管稻米馴化成爲人類栽培的農作物，但是馴化以後經過一萬年，稻米的性質並未出現太大的變化。例如，蕎麥栽種在「水田轉換田」中時，蕎麥很容易因爲濕害導

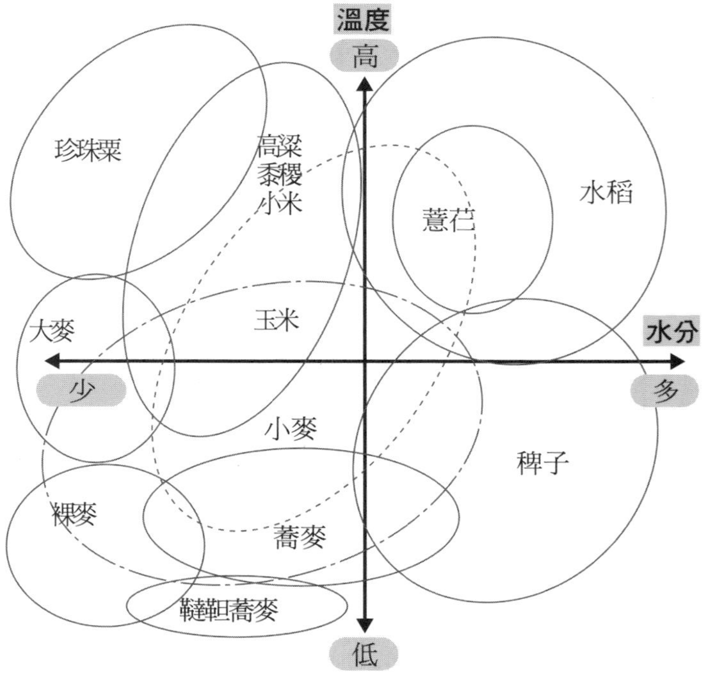

圖 1- 4　各種溫度與水分條件下適合栽培的穀物

致農穫量大減。若將蕎麥年年栽種在「水田轉換田」的話，蕎麥是否就會因此進化成在濕地也能輕鬆栽培的品種呢？答案是否定的。即使長期持續在含水量少的乾地栽培水稻，也很難栽培出適合乾旱莽原用的乾季品種。

穀物進化的環境，決定了穀物的基因特質。從其他地區傳播到日本列島栽種了數千年的穀物品種，其基本的生理特質、生態特質只會出現少許的改變。植物耗費數千萬年適應環境所發展出的基因特性，強度遠超過爲適應人類栽培環境所發展出的基因突變特性。

影響植物成長最大的環境因素

是溫度和水分。在日本，夏季作物與冬季作物的栽培期完全相反，稻米適合在高溫多濕的夏季栽種，麥類則適合在低溫與略微潮濕的冬季栽種（圖1-4）。稗子在低溫的夏季也能栽種，這一點與稻米很不同。高粱、玉米、黍稷、小米在高溫的乾燥地帶也能栽培，但不適合多濕的環境。適合栽種小麥與玉米的地區分佈極廣，這些地區也能栽種小麥玉米以外的其他作物。低溫水分低的環境最適合栽種蕎麥與裸麥。同樣是乾燥地區，大麥適合較高溫地區，最高溫、最乾燥地區則以珍珠粟爲最適合栽種的穀類，例如西非薩吧納（Sabana）這樣的莽原地區尤其適合栽種珍珠粟。

穀物的兩大系統

這些穀物群的進化系統可分爲兩大類（圖1-5）。一類是適合高溫、乾燥環境植物的亞科所構成的群體，在系統分類學上稱作「PACCAD系統」。另一類爲適應寒冷乾燥地區或高溫多濕地區的群體，稱作「BEP系統」。稻子與麥子都從BEP系統進化而來。稻科系統可分類爲亞科，穀物對溫度與水環境的反應會因亞科的種類大不相同。

除了稗子外，所有的穀物都是透過歐亞大陸從世界各地傳到日本。日本列島的環境南北迴異，而且海拔高度變化多端，所以除了稻子外，各種環境提供了栽培各種作物的條件，當然農民也必須順應環境選擇作物栽種。缺乏水資源的乾燥地區，主要栽種的是黍亞科或硬質早熟禾亞科

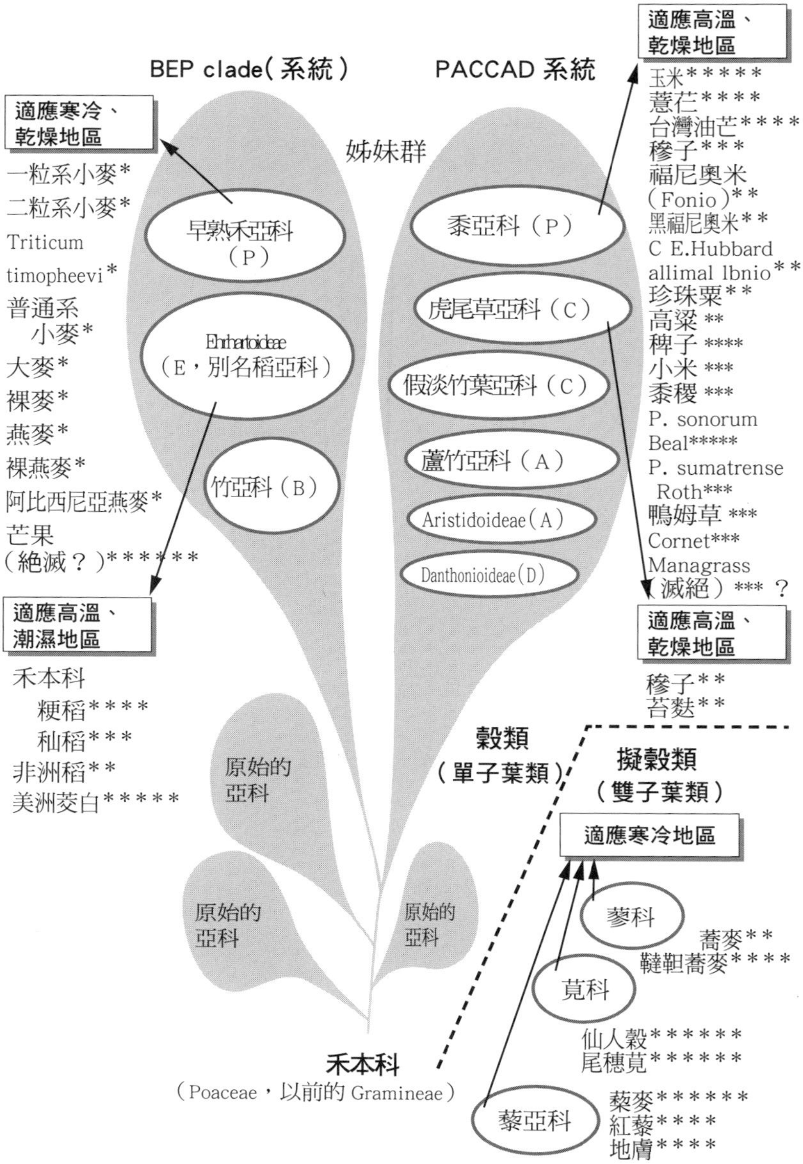

Clade：指分類屬單系統群之由單一進化系統構成的群體

BEP 與 PACCAD：亞科字首組成的縮寫

作物名稱右側的記號為起源地的中心：* 地中海，** 非洲，*** 印度，**** 東亞，***** 北美洲，****** 南美洲

圖 1-5　植物適應地區的拓展與穀物的關係

作物。但是高溫多濕的環境則只能栽種Ehrhartoideae（稻亞科）以及部份的黍亞科作物。日本的平原與盆地多雨而炎熱，而且河水經常暴漲氾濫，最適合這種土地特性栽種的就是水稻。日本人之所以選擇稻米栽培，正是因爲水稻在進化過程中所發展出來的生理生態特性。

在日本的國土中，東北或北海道這些寒冷的地區並不適合栽種水稻，因此自繩文時代以來，就一直有在濕地裡栽種稗子，在乾燥地區栽種蕎麥的習慣。

1-2 稻米的人口扶養能力

濕地栽培孕育出權力社會？

在繩文時代的日本，許多人還不知道水稻的存在，所以也很難有效率地利用濕地。後來水稻快速地在日本列島普及開來，在數百年間北上傳播到本州（譯註：日本四島中的最大島，東京所在島嶼）。水稻之所以快速普及開來，是因爲耕種水稻用的土地爲濕地，而日本各地的原住民不使用濕地，所以栽種水稻不須經過競爭即能取得所需農地。在「繩文農耕論」的說法中認爲，繩文時代的日本人已經栽種了水稻以外的作物，這些作物與水稻的栽培環境完全不同，所以算是一

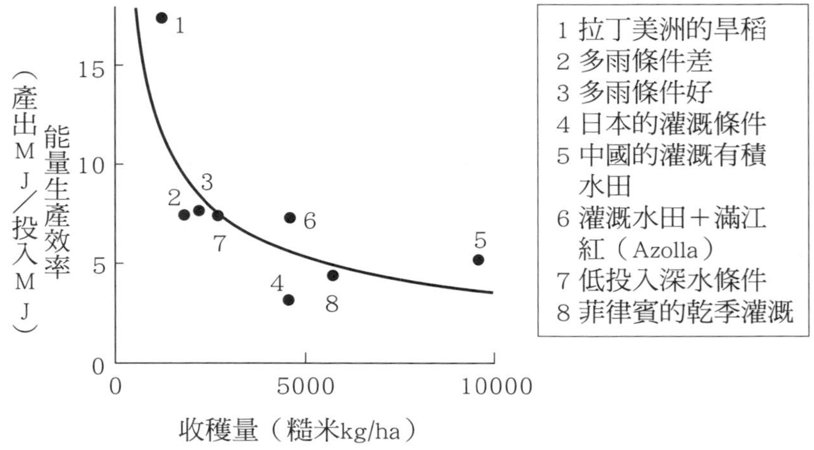

根據IRRI（1985）報告書製圖

圖 1-6　生產環境中稻子的能量生產效率與產量

有投入勞動力與資材的灌溉水田生產力高

種「各據一方」的狀態。

我們來看看稻作的發達與權力的發展之間的關係。權力是強制控制人類社會的力量，而控制的基礎來自於能確保糧食穩定供給的能力。因此，穀物的貯藏、對抗外來攻擊穩固防禦就與權力的發生有密切的關係。

稻子以適應濕地生態的水稻佔大宗。在低窪的濕地裡，土壤被水淹沒，不易接觸氧氣，所以好氣性微生物不易繁殖，有機物的分解速度較慢。在這樣的環境下，植物不易吸收無機營養素。但是儘管水稻每年的收成量少，卻可確保穩定的收穫量。確保穩定收穫量的原因有幾項，例如，因爲在植物體內，存在可固定氮素的厭氣性細菌之一的梭菌屬（Clostridium）微生物以及光合細菌，還有植物體內的共生菌類（內生菌（Endophyte））在植物體內活動。另外，植物所需的磷酸，也可透過水田輕易地從土壤中移動到植物體內，灌溉水能運送豐富的養分給植物等等。此外，挖掘水路排水有助於微生物分解的進行，能提高水稻的營養吸收穫量，更增進產量的提升。在缺水的地方挖掘灌溉水路也能避免乾旱帶來的負面影響，提高產量。

水稻只要有水，不須特別努力即可保持最低的產量水準，所以水稻可說是一種能穩定確保糧食來源的穀物。同時，只要投入資材與勞力，生產力也會相對提大幅提升（圖1－6）。

將投入的勞力換算成能量，將生產物也換算成能量，以此數據來分析收支的方法稱作能量分析。在集中作業下，水稻的能源生產效率雖然會降低，但是可以快速地拉高單位土地面積的產量。一般的農作物比較不具這種特性，但是水稻只要投入勞力與資材，所得到的效果就會截然不同，非常地好。投入愈多，水稻的收穫就愈好。種植水稻，只要建造倉庫設施就能讓人類定居，維持聚落的生活（照片1－3）。

照片 1- 3　栽植水稻容易形成聚落（菲律賓呂宋島）

由於水稻的特性仰賴密集的勞動力栽培，因此也帶動栽種水稻的人類社會人口增加，促進土木工程、作業的統率以及共同抵禦外敵的防禦手段更爲發達。權力的發達也是水稻生物學特性的

	水田農業	火耕農業
穀物的平均產量（kg/ha）	1800 （明治年間不良水田的水稻）	1200（日本，小米） 750-1350（台灣，小米） 1200（東南亞，旱田）
年度變動	小 （土壤中固定氮素的細菌作用，天然供給的營養份豐富）	大 （乾旱的影響大）
每一農民的耕作面積（ha）	1-1.5	最低 1.5 注 1）
自給自足所需總面積（ha）	1-1.5	15.9 注 2）
人口扶養力〔5 人家庭〕（人 /ha）	3.3-5	0.31

註 1）由 5 名成員構成之農家所耕種的單位火耕合計面積：0.75ha/年 ×2 年 =1.5ha
註 2）以佐佐木高明的〔稻作以前〕計算東南亞常見的例子

採伐面積　　可耕作面積率　　（休耕期間 + 栽種期間）
0.75ha/ 年 ÷ 0.66 × （12 年+2 年） = 15.9ha

圖 1- 7　水田和火耕的生產力比較

連帶產物。

稻作比火耕更有利之處

過去亞洲山區的田地一般採用焚山的方式創造耕地。火耕乃是將富含營養的森林放火燃燒，將森林轉化爲農作物容易吸收的養分，同時也解決雜草的問題，是一種對環境負荷較小的生活方式。儘管火耕具有這些優點，但和水田農耕的土地單位面積生產力相比，還是遜色很多。

若從糧食的生產力、人類的消費以及地理面積的角度來分析，比較水田農耕與火耕，就可以看出其中的差異（圖 1-7）。這樣的比較稱作生態人類學分析，結果顯示，在單位土地面積的人口扶養力上，水田農耕是火耕的10倍以上。若單位土地面積的人口扶養力小，人類就無法集中居住，也會連帶影響到資訊交流、物流的發展。所以從事水田農耕的社會發展速度較快。

日本以稻米爲主食，平原地區之所以繁榮發展，其背後就存在穀物生產的人口扶養力所帶來的深厚影響。

專欄　為什麼只有日本人將稻子的果實稱作米？

在日本，稻子的果實（穎果）被稱作穀粒，還特別將穀粒去殼（米糠、內穎與外穎）後的果實（糙米）稱作米。單獨爲穀物的糙米命名，這在世界是罕見的例子，的確很奇妙。非洲的史瓦希利語也和日本相同，將糙米的名稱與品種名稱分開分別命名。越南將炊飯稱作Co,m，發音與日語近似，稻米的果實稱作Gao，水稻則爲Lua。

民俗學者分析，由於日本經常將稻米用在祭神儀式上，因此日語的Kome（米）有籠罩著水稻靈的意思，在一些特殊場合稻米就被稱作「Kome（米）」。在日語中，「KOMORU（籠もる＝隱居）」自古以來就是一個神聖的辭彙，「隱居」是生命準備再生的階段，意義重大。在韓語中，釀酒叫做Komen（Kom），被視爲是朝鮮祖先神明的熊被稱作

「Kom」，高麗爲「Koma」。在日本，釀造是「Kamosu（醸す）」，祭拜的供品稱作「供米（Kuma）」。另外，也有一說認爲神明（Kami）也和這些文字屬於相同的系統。中世以後日本稱米爲「Kome（米）」，有可能是受朝鮮半島傳入稻作與酒影響的緣故。

除此之外，推估稻米最早源自於中國的長江流域，該地區的稻米名稱開頭發音都帶有ni、ne、inuan的音，因此日本的稻米（Ine）或稻（Shine）也都帶有i的發音。稻米在古韓語發音爲ni，在琉球爲nni、ini，在魏志倭人傳中也稱作ni，這些名稱都與發祥地的用語關係密切。

近年來透過DNA分析，生物的基因血緣關係愈來愈清楚。在此同時，語言資訊現在也能像基因血緣的資訊一樣，以相同方法分析，因此未來或許我們也可以透過語言推估稻米的傳播發展。

第2章

神奇的稻米

2-1 耐水性極佳的穀物——水稻

玻璃質包覆整體

大部分的農作物只要一泡水很快就腐爛，但是水稻科或具芒碎米莎草科（*Cyperus microiria*）的植物物種即使遇到多水的環境也不容易腐壞。有水的環境也適合微生物或蟲類繁殖。水稻之所以能在這樣的環境下生存，同時能對抗病蟲害，是因爲整個植物體包覆著一層玻璃質。水稻科植物透過巧妙運用玻璃的主要成份——矽（Si），從高溫多濕的白堊紀一路進化到今天（照片2-1）。水稻科稻亞科（參照圖1-5）尤其擅長利用矽。根據顯示地殼化學成份的克拉克值（Clarke number）來看，矽是存在於地殼中含量僅次於氧的元素，佔比高達百分之二十五・八，存量豐富，也大量溶於水稻生長的沼澤地或河川的河水中。

水稻的根吸收各種含矽的化合物成份，這些成份與水分一起，在水稻的植物體內流動，最後沈澱在植物體表面。即使水分蒸發了，矽的成份依然殘留在水稻中。水分佔整株植物體約百分之七十，爲了保持這些水分，當植物的根發出缺水訊號時，植物就會立即關閉氣孔。若植物表面含有大量的矽成份，即能提高植物體的水分散失，不論是高溫多濕或乾燥的環境都不會妨礙植物的生存。

含有豐富矽酸化合物的水稻，表皮細胞就像讓水稻戴上抗紫外線的太陽眼鏡一樣，能吸收紫外光。接受陽光照射的葉片表皮或是花粉的表面，都含有豐富的矽酸化合物，這除了構成支撐植物體的骨架外，同時也防止陽光對植物體造成傷害。我們使用具有EDS（能量色散X-射線光譜）的SEM（掃描電子顯微鏡）分析水稻時，可看到水稻的表皮細胞除了存在矽之外，也驗出了氧、鉀、鈉、氯、鋁等等，還有礦物質。事實上，植物的內部流動著多種複雜的化合物。

水稻能高明地運用流動的矽化合物，甚至藉此控制葉片的面積。如果將水稻的莖切開一道開口，在短短幾分鐘內，水稻的葉片就會捲曲起來。這是因爲沿著葉片上方葉脈的葉軸，有一種含有大量矽酸，被稱爲機動細胞的細胞（照片2－2）的大細胞排列所帶來的效果。當機動細胞中的水分減少，水稻的葉片就會像橡膠水枕被放掉水後一樣地凹陷下去，造成葉片往內捲起。如此一來，就能減少葉片接觸空氣的面積，避免葉片乾掉。講個題外話，水稻的機動細胞呈扇狀，與其他的植物形狀迴異。枯死的機動細胞只要條件恰當，即使經過數千年，仍然能存在土壤當中。考古學家稱之爲植矽體（plant opal），藉由這個植矽體就能進行農耕文化的研究（照片2－3）。

照片 2- 1　耐水性極佳的水稻

直鏈澱粉（amylose）與支鏈澱粉

儲存在水稻胚乳中的澱粉就是我們的糧食，這個澱粉爲耐水性物質。澱粉的構成單位是葡萄糖（Glucose），耐水性也與葡萄糖的性質有關。

澱粉是由多個葡萄糖連接而成的天然高分子。澱粉可大分爲α－1，4鍵結形成直鏈結構的「直鏈澱粉」，以及中間因α－1，6鍵分岔的「支鏈澱粉」。「直鏈澱粉」是由約三〇〇～三〇〇〇個葡萄糖相連而成。受到直鏈相連的分子間作用力的影響，形成螺旋捲曲的鎖鏈狀結構。「支鏈澱粉」則是由數千到數萬個葡萄糖分枝而成，這些結構聚集在一起產生結晶性結構，構成

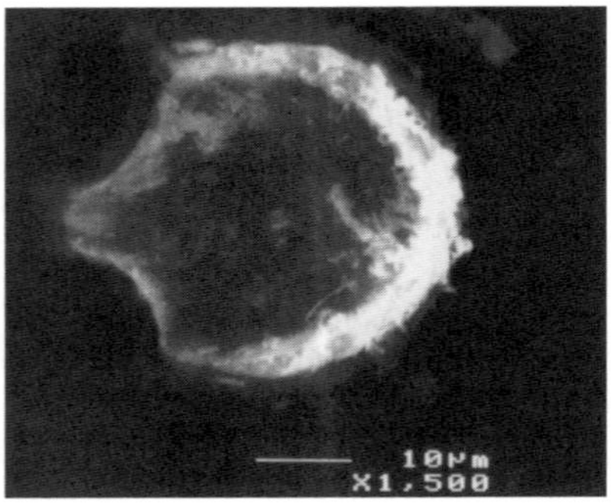

照片 2-2　水稻的機動細胞（品種：IR8）

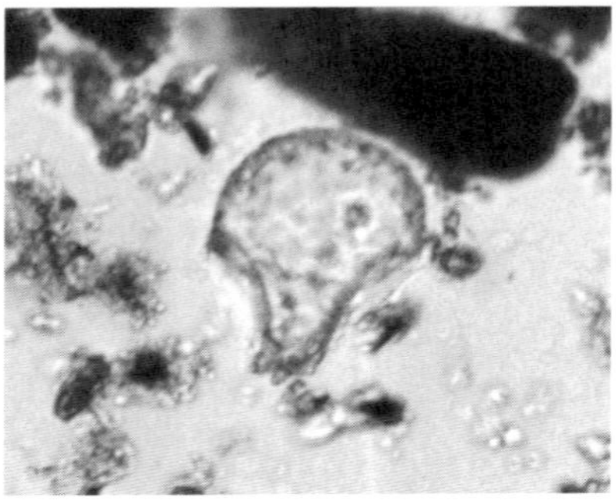
照片 2-3　水稻機動細胞的化石（日本長野縣松本古墳時代的地層）

強而有力且穩固的構造。

直鏈澱粉螺旋結構的表面爲親水性，形成氫鍵糾結的雙重螺旋結構再進一步集結在一起後，又形成了巨大的塊狀構造。在這個情況下，親水性表面積減少，即使浸泡在常溫的水中，只有局部表面會有水分子附著，因此耐水性與耐濕性升高。直鏈澱粉的含量升高，吸水率就會隨之降低，因此不容易發黴。生長在潮濕山地地區的百合根莖以及印尼低窪濕地的西谷椰子的樹幹，都含有豐富的直鏈澱粉，應該都是這些植物需要具備耐濕性所形成的結果（圖2−1）。

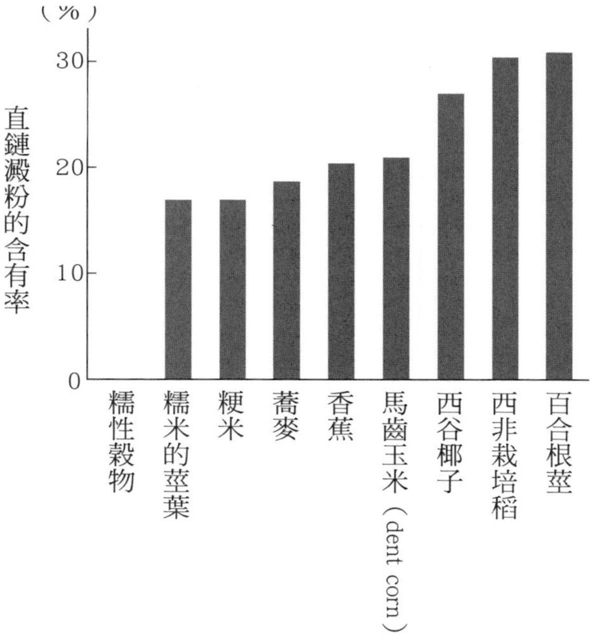

圖 2- 1　各種植物的直鏈澱粉含有率

粳性系水稻含直鏈澱粉約百分之二十，具備良好的耐水性與耐濕性。相對地，糯性系水稻不含直鏈澱粉，耐水性、耐濕性不佳。在高溫潮濕容易發霉的東亞地區，糯性系水稻可說是一種不適合環境的異常品種。但是所謂糯性系水稻不含直鏈澱粉是指在稻穀的乳胚部份，在糯性系水稻莖部的葉綠體內，澱粉中還是含有直鏈澱粉，如此巧妙的設計讓水稻的莖、葉即使浸泡在水中也不易腐壞。

相對於直鏈澱粉，支鏈澱粉接觸到水分子時，吸水速度雖然不至於快到立即溶於水的程度，但是可輕易地吸水膨脹，因而變潮容易發霉。糯米所含澱粉全都屬於支鏈澱粉，所以吸水性強，泡水兩小時即能達到含水百分之四十左右。糯米只要浸在水中即可直接烹煮，但是這種方式所蒸熟的米飯口感較硬，稱作「蒸糯米飯（日文做「強飯」）」。爲了讓米飯更容易下嚥，在日本蒸熟糯米飯的過程中，會再額外加水。傣族將糯米裝在竹筒中加熱的炊飯技術，就是利用糯米吸水性強的特性，以及竹筒這種周遭常見的「拋棄式餐具」發展而來，是一種高明的烹調方法。

2-2 深受人們喜愛的「糯性」

追求黏性與彈性

糯性系穀物是人類在悠久歷史中選擇培育出的穀物品種。這類品種是基於人類（1）對澱粉「黏性」的喜愛以及「生理上」的喜好，（2）加工便利性的「直接」動機，所培育出的品種。

不只是日本人喜愛Q彈的糯性，東南亞的山區裡，住著世界上最多喜愛糯性系穀物的民族。這一帶的許多地區，除了糯米外，還有各種糯性特質的穀物品種。因此，對糯性系穀物的喜愛可說是一種地理性現象，超越了民族。這地區的居民會食用蕨類等帶有黏性的野生植物，同時這個地區也是芋頭、山藥以及具有糯性特質的薏仁（照片2－4）的發祥地。

照片 2- 4　薏仁（日本長野縣茅野市）

從遺傳的角度來看，穀物的糯性是一種隱性基因。在自然界，即使偶然突變出現了糯性的性質，這種性質也很難持續傳承下去。而且染色體數愈多的植物，顯現糯性的機率愈低，其存在更難以被察覺。由於糯性系植物有其基因上的特殊性，所以除非栽種者堅持選擇糯性品種栽種，否則糯性系植物很自然地就會逐漸被淘汰。即使人類刻意栽種糯性系植物，但後續的交配也可能讓植物回復原本的粳性性質。因此糯性系品種的延續須仰賴人類費力地維護，可算是一種「文化資產」。

日本的阪本寧男博士曾經主張，東南亞山區這個栽種各種糯性系植物的地區爲「糯性文化發祥中心」，這事實呈現出人類早在發展農耕以前，就已經傳承了對糯米、糯性穀物的喜好數千年。

人類從事研究時對第（2）加工便利性這一點，過去並未太過關注。糯性具有容易糊化的特質，這種特質的優點是，只需少許熱量即可將植物烹調成食物。東南亞或東亞的夏天和雨季氣候潮濕，微弱的火勢即可烹調食物這個特性對人類的生活而言十分方便。以葉片包裹芋頭等食材蒸、烤的烹調方法，廣泛分佈在環太平洋地區，有些民族也會以野生植物的葉片或竹筒作爲容器，烹調穀物或煮飯。換個角度來看，這地區的人們即便不製作土器，也擁有豐富的素材可做爲拋棄式的烹調工具使用。在這樣罕見的環境中，最適合這類傳統烹調方式的食材就是糯性系穀物。

糯米澱粉的吸水速度比粳米快，加熱時只要有足夠的水份，就能讓糯米迅速糊化，立即可供食用，糯米可說是如假包換的「速食」。只需花費少量熱能即可煮熟糯米，這一點對季節風地區的居民來說非常重要。

順帶介紹，日本以精白過的粳米煮飯時，約需加入百分之六十的水。糯米飯則加水約百分之四十，以糯米煮赤飯（紅豆飯）時加水約百分之五十，也就是說，以糯米煮食所需的水分較粳米少約百分之十。

糯米胚乳的光穿透率很低，在光源下會反射、散射光線。粳米十分透明，相對地糯米則呈白濁狀。爲什麼顯得白濁？這是因爲糯米在收割後開始乾燥時，胚乳中直徑約六毫米（μm，1μm=10- 6m）的澱粉粒子表面會形成二〇～三〇奈米（nm，1nm=10- 9m）的結晶狀微粒子。當胚乳含水愈來愈少後，微粒子之間存在的約二・五奈米的空隙中會有氣泡進入，這個氣泡會散射光線，讓米粒看起來呈現白色。這就是讓糯米看起來呈白色的最大原因。

從GI看食用糯米時帶來的愉悅感

在日本，糯米一直位居「節慶食物」的特殊地位。但是為什麼會被視為是「節慶食物」呢？這一點可從消化速度一窺究竟。圖2－2是使用動物唾液中與胰液中的澱粉分解酵素α－澱粉酶（α - amylase），在試管中進行消化試驗時的結果。α－澱粉酶是切斷葡萄糖間α－1，4葡萄糖（Glucoside）鍵的酵素，能切斷分佈於分子內部各處的鍵結。在酵素分解速度的試驗中，米經過加熱再冷卻的酵素分解速度，很明顯地都是糯米較為快速。

加熱時澱粉粒子崩解，支鏈澱粉的分子糾結，直鏈澱粉分子直鏈中的螺旋狀結構鬆脫，而有水分子混在裡面。但在冷卻以後，分子結構復原，澱粉分子又規則地集合在一起形成微胞（micelle）。所謂的微胞就是分子快速集合所形成的膠體（colloid）狀粒子。α－澱粉酶在微結晶狀微胞構造的外側接觸澱粉分子，所以面積影響反應速度。直鏈澱粉分子的微胞鍵結比支鏈澱粉的長且強固，所以不容易受酵素作用影響。

根據試管內的分解模式，我們可以推斷人體實際的消化狀況，以及在消化時血糖值上升

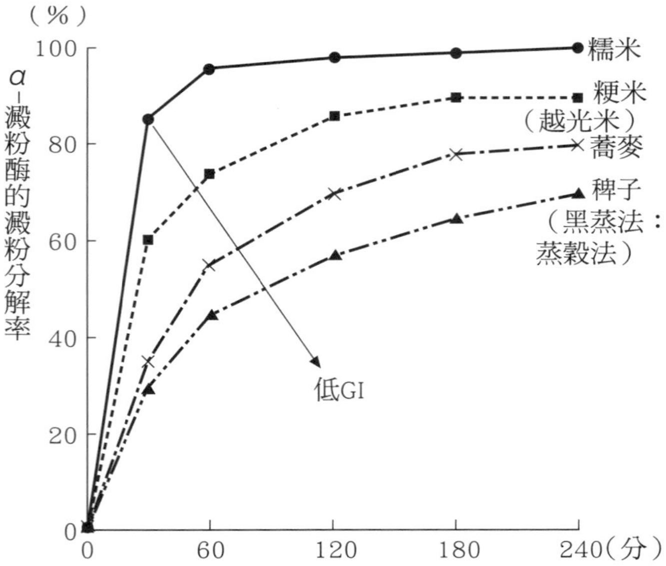

以105℃將穀物加熱10分鐘後，在37℃的溫度下進行實驗
昇糖指數（GI）可根據此試管內之α澱粉酶分解實驗的結果，
依照Goni（1997）的方法計算推定。
根據大澤實、宇佐美早紀、井上等人的數據製圖

圖2-2 不同穀物的消化模式差異

的升糖指數GI值（Glycemic index）。GI值是以葡萄糖作為一〇〇，當人體在攝取了五〇公克食品的碳水化合物後，血糖值的上升程度，是一個相對值，也可以說是以白麵包作為基準的相對值。我們將幾個品種的米拿來，由低到高排列推定的GI值時，所得的結果為糯米一〇二，粳米的越光米九六，蕎麥八八，黑蒸法的稗子七二。所以糯米是一種讓血糖快速上升，也就是很容易讓人產生「滿足幸福感」的食物。稗子和糯米完全相反，分解速度非常地慢。

蒸穀法（Parboiled method）

圖2-2中的稗子「黑蒸法」，是一般稱作「蒸穀法（parboil）」的加工方法。「蒸穀法」是讓帶殼的穀物吸水，再以熱水或蒸氣加熱，之後經過日曬再去殼（照片2-5）的方法。

「蒸穀法」在許多熱帶地區很普遍，這種世界知名的加工方法具有以下幾種優點：（一）不易發生玉米象鼻蟲（Sitophilus zeamais）或發霉問題，能提高貯藏的保存效果，（二）脫殼更容易，（三）進行脫殼或精白加工時的收穫率較高，（四）米糠的營養會滲透到米粒內部，（五）澱粉經過α化（糊化）後，讓後續的烹調更加輕鬆，（六）米粒會變硬，所以像秈稻這類較爲細長、易碎的穀粒，也能以較爲完整的的米粒形態保存。「蒸穀法」的缺點是消化速度較慢，且須耗費更多勞力處理。除此之外，此處所指的α化澱粉（α澱粉）是指經加水、加熱、乾燥的澱粉。處於加工前穀物結晶狀態的澱粉或是經過蒸煮然後慢慢冷卻後的澱粉則稱作β澱粉。

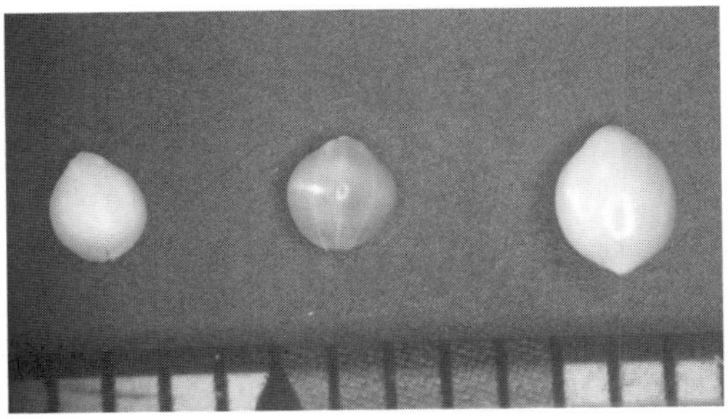

照片 2-5　由左到右：小米、稗子、黍稷的果實

稗子是果實顆粒很小的雜糧，即使剝去穎殼也很難去除果皮與種皮，精白加工困難。因此過去一直採用「蒸穀法」的方式處理（照片2-5）。處理時先煮三十分鐘或是以蒸氣蒸煮，之後立

即進行乾燥。經過這樣的處理後，即可輕鬆地剝開稗子果皮，輕鬆去除纖維較多的部份，且收穫率較佳。日本自古以來就將稗子的加工方法稱作「黑蒸法」或「白蒸法」，煮熟的米飯快速過水以後，再以陽光曬乾後就成爲「糒（乾飯）」，是中世紀的儲備食品。「蒸穀法」不僅用於日本的穀物加工，在歐亞大陸、印度次大陸也是一種廣被使用的加工方法。「黑蒸」的稗子很硬，被消化酵素分解的速度很慢。在歐洲也有布格麥（Bulgur）（譯註：碾碎的乾小麥），是以相同方法加工的食品。

除此之外，α化米是指經過快速乾燥固定糊化狀態，提早一步停止澱粉老化的乾燥米飯。α化米只需加熱水或冷水就能快速還原成米飯的狀態，因此亦可作爲速食食品或救災戰備食品使用。在現代社會中，全球各地越來越多人運用這種急速冷凍乾燥的穀物加工法，以保持米飯的α化狀態，並且保留米糠的礦物質與蛋白質等營養素。

為什麼煮熟的米飯冷了會變硬？

爲什麼煮熟的米飯在放置一段時間後會出現變硬的現象呢？穀物的澱粉在懸浮於水中並且經過加熱後，會吸水逐漸膨脹。此時若繼續加熱，澱粉的粒子會瓦解成膠狀，這個現象稱做「糊化」。澱粉粒子在達到最大吸水極限時，澱粉的膨脹程度與黏度也達到最大，然後等到粒子瓦解後，澱粉的黏度才又逐漸降低。

「糊化」是因爲水分子進入結晶結構的澱粉分子間隙之間，導致結晶構造鬆脫，結構的鍵結在水中擴散所產生的現象。糊化過的澱粉溶液冷卻以後會變得白濁，水分游離之後則變成不溶的狀態，這情形稱作「老化」。澱粉糊的老化是因爲分散在水中的澱粉分子再度結晶所造成。不過，此時的澱粉分子不會完全恢復原狀，這也是澱粉類食品放久以後變硬的主要原因。

一般而言，性質愈接近糯米、含有豐富支鏈澱粉量的澱粉粒子，其糊化溫度愈低，黏度與保水力就愈高，即使在低溫環境下也不容易回復爲規律的結晶結構，因此具備不易「老化」的特性。這應該是因爲相較於直鏈結構的直鏈澱粉分子，分歧較多的支鏈澱粉分子間較不易出現氫鍵的關係。在食品製造業界，會透過添加麥芽糖或海藻糖等糖類以延緩食品老化，並且利用各種技術避免出現規則性的結晶構造。

圖2－3是爲了掌握不同穀物特有的幾種「糊化」特性的圖，其中數值是以加熱時澱粉粒子瓦解導致黏度降低的程度（BD）除以顯示水分子滲透狀況的最大黏度（MAX）所得的相對值（橫軸）。快速黏度分析儀（Rapid viscosity analyzer=RVA）是一種分析澱粉糊化特性的儀器，分析時須將穀物的水懸濁液一邊攪拌一邊加熱、冷卻，然後連續測量此期間的黏度變化。BD與MAX是糊化的指標。此外，「老化」特性的計算方法，則是以冷卻造成的黏度上升（BD）

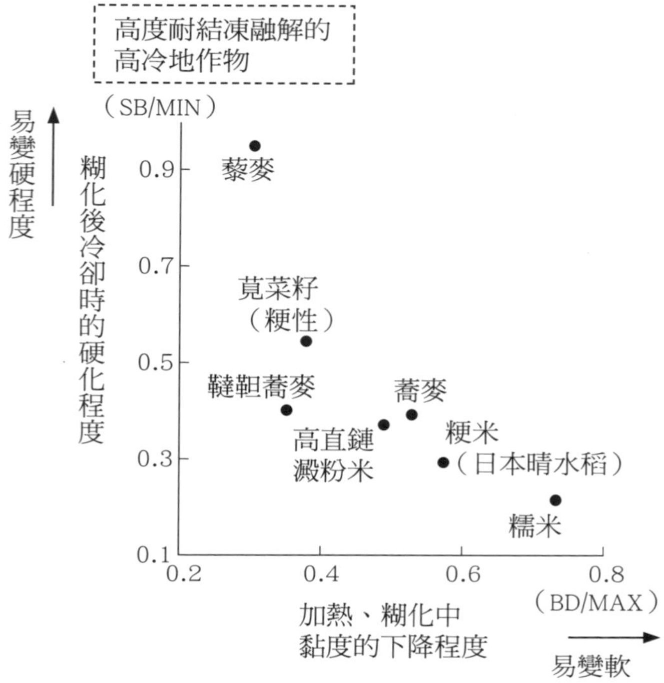

SB、BD、MAX、MIN分別代表快速黏度分析儀的回凝（setback）與崩解（breakdown）黏度、最高黏度、加熱中黏度降低時的最低黏度。
根據大澤實、宇佐美早紀、井上等人的數據製圖；藜麥與莧菜根據Pseudocereals and less common cereals(2002)，p.104、240的資料製圖

圖 2-3 米與擬穀類在加熱與冷卻時的黏度變化

除以澱粉粒子瓦解時的最低黏度（MIN）的相對值（縱軸）來表示。橫軸爲加熱調理「糊化」後的軟化程度，縱軸則爲冷卻「老化」時的硬化程度。

相對於其他穀物，糯米具有更易糊化、粒子容易瓦解（BD/MAX大），以及不易老化（SB/MIN低）的特性。反之，藜麥與莧菜籽（照片2-6、2-7）則不易糊化，粒子不易崩解，但卻容易老化。藜麥

與韃靼蕎麥會栽種在海拔四千公尺以上的環境，莧菜籽與蕎麥則可栽種在兩千公尺以上的地區。這兩者都屬於高冷地區的農作物，尤其是源自於南美山區的藜麥具有可承受結凍、融解的耐性。它們的澱粉分子不易滲入水分、不易腐壞，在低溫下能迅速排出水分，讓澱粉重新結晶。由此我們可以推斷，這類高冷地區的穀物能以分子層級的方式，對抗水分子的滲透、移動、聚集、凍結，藉此保護胚乳不受損傷。

不過，像藜麥的澱粉粒子極小，大小只有一•〇～二•五毫米，蕎麥則含有豐富的水溶性蛋白質，不同種類的穀物組織結構也存在各種不同的形態特性、化學特性。直鏈澱粉的含量多寡、澱粉粒子的大小、其他貯藏物質與分子間的架橋物質等等應該都會綜合地影響穀物的凍結、融解耐性。

照片 2- 6　莧菜籽的一種 - 尾穗莧（Amaranthus caudatus）（長野縣南箕輪）

照片 2- 7　藜麥的種子（比利時的速食店 Exki）

2-3 維持穩定收穫量的機制

插秧的合理性

穀物當作糧食用途部份的重量與生物學性重量的比稱作「收穫指數」，這個指數是作物生產效率的指標之一。收穫指數越大，單位土地面積的收穫量就越多。野生的水稻品種雖然已經適應了潮濕的亞洲濕地，但是收穫指數很低（圖2-4）。

這是因爲水稻的野生品種一般都屬於營養繁殖（無性繁殖）之故。所謂的營養繁殖，是指稻子從根、葉、莖等營養器官產生新的個體，以進行繁殖的方式。所以水稻的野生品種就像甘蔗一樣，只要將莖插入土壤中，即可輕易地進行營養繁殖。進行營養繁殖時，必須將有限的同化產物分配到莖葉等的營養體上，所以種子得到的養分份量較少。由於營養部位的成長量（營養成長部）較大，故具備多年生長特性，種子的收穫指數較低。

但是野生品種也有一些變異體，其種子的生長狀況較佳。這類變異體的營養體部份通常比較小。換句話說，水稻必須做出選擇，是將有限的同化產物分配給營養體？還是分配到種子的生殖質上。今日用來栽種的水稻，應該是經過人類的品種選擇後，發展出的高收穫指數品種。現行栽

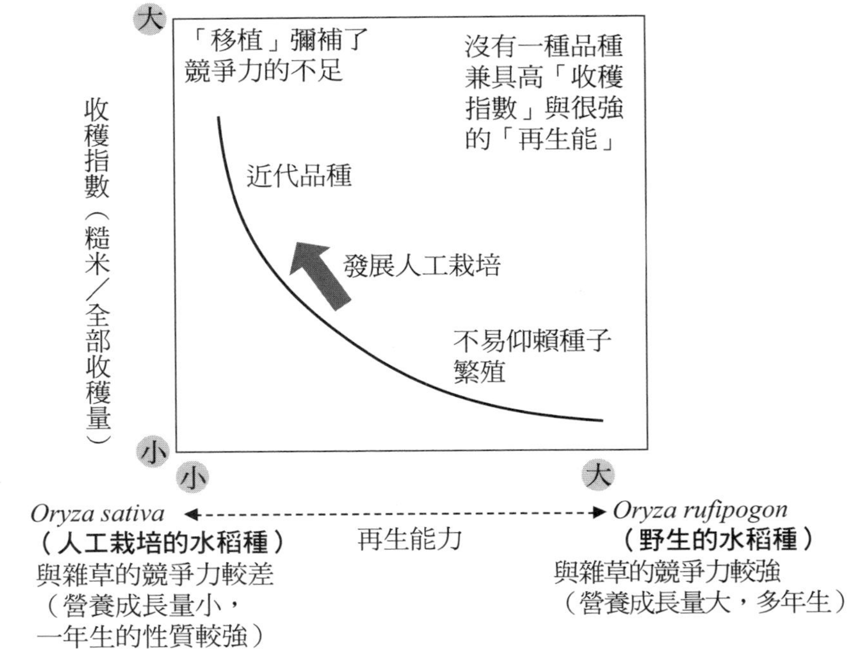

圖 2- 4　移植栽培的合理性

培的水稻品種會將同化產物重點分配給種子，因此就呈現收穫量增加，營養成長量較小，一年生性質較強的性質。

軍事上對於有效運用有限資源的做法常以「策略」這個詞形容，水稻從野生進化爲人類作物也算是一種生存策略的轉變。

水稻的馴化品種收穫指數較大，對人類而言較爲有利。這類品種的植株莖葉小，再生能力較弱，在面對雜草或其他植物的競爭時，競爭力會比較差。爲了彌補這一點，水稻必須仰賴人類的栽種技術才能繁殖。

水稻的馴化品種仍然保留著多年生的性質，這種優秀的性質讓水稻只要插到有水的土中，就能增殖不致於枯死。在翻過土的濕地裡，大多數的品種都必須以種子栽種，從種子開始生長才行，但是若將已經長出幾片葉片的秧苗「移植」到濕地的話，比起其他同一時間仍未發芽的植物品種，秧苗更具有優勢，成長量也領先一步。透過這種做法，水稻在爭取陽光的競爭中得以勝出。這類「移植栽培」的做法能彌補人工栽培品種在競爭力的不足，具有合理性。

換句話說，插秧是一個「移植」的動作，為了戰勝夏季的雜草，也是一種極爲合理的栽培方式。

照片 2- 8　水稻的稻穗

生殖／營養的比率

水稻的稻穀是由外穎與內穎所構成，進一步細分還可分成十六個部份（照片2－8）。原始水稻的結構只有葉子，後來進化出花藥、穎、穎苞（glume）等的生殖器官。只要把一個稻穀分解開後，即可清楚看見兩個小花退化，僅剩下第三個小花（圖2－5）。

原始的植物葉、莖、根機能並未分化，後來前端的葉片才逐漸進化成複雜的花，或是某個部

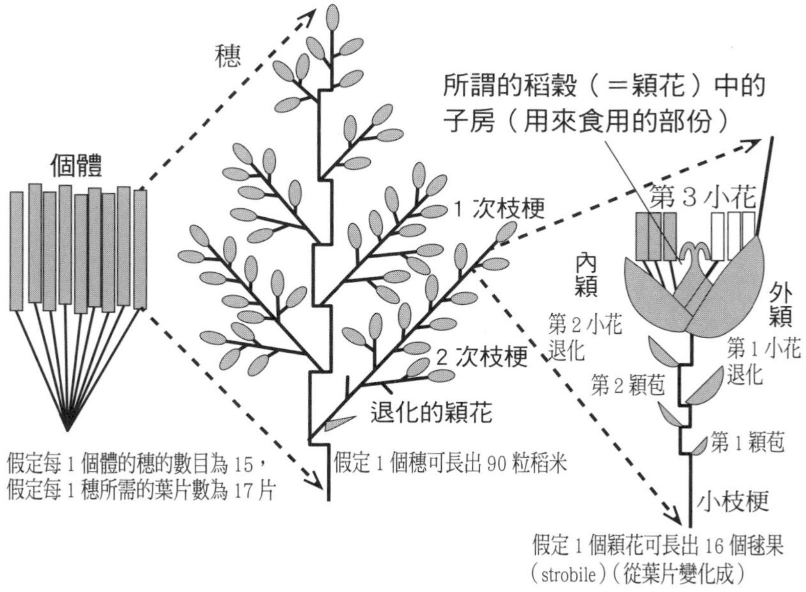

〈水稻〉　〈穎花（floret）〉
生殖器官的總毬果（strobile）數：　16毬果 ×90 粒×10 穗＝14400
營養器官（葉片）的總毬果（strobile）數：　17 Strobile ×10 支＝170
從 Strobile 看生殖／營養比：　14400/170＝85 倍

〈一般小麥〉　〈小穗〉
生殖器官的總 Strobile 數：：　9Strobile×5 粒×20 小穗 ×8 穗＝7200
營養器官（葉片）的總 Strobile 數：　14Strobile×8 穗＝112
從 Strobile 看生殖 / 營養比：　7200/112＝64 倍

圖 2- 5　從形態看水稻的種子生產效率

份退化，這稱作毬果狀理論（Strobiloid theory）。

將水稻從基部（外部）朝頂部（中心）觀察，其中的結構依序爲以螺旋狀配置花被（禾本科爲穎）、雄蕊（小孢子葉）、雌蕊（大孢子葉）。這些結構原本都是毬果（Strobile），也就是原本都是植物的葉片。所以可說，稻子是將其數個葉片變形成爲一個生殖所需的個體。

我們將葉片與稻穀等

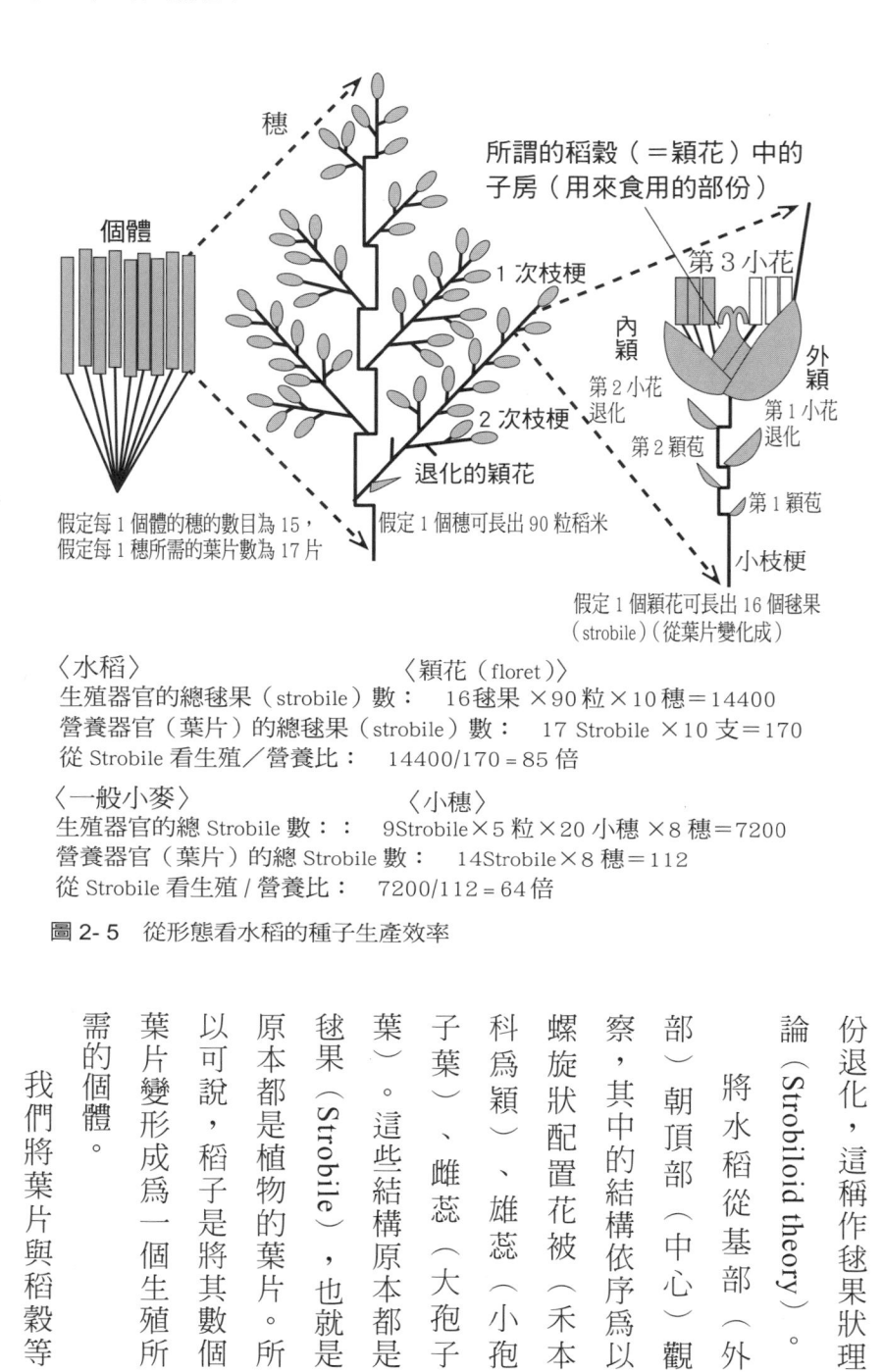

的器官分開，試著以毬果（strobile）爲單位試算生殖／營養的比率。經過計算的結果顯示，假設一個個體可以形成十支穗，一支穗長出九十顆穀粒的話，生殖／營養比約爲八十五倍（圖2－5），顯示分配到生殖器官的比重大得驚人。由於稻子仍有一些多餘的分蘖（相當於分枝）長出，所以實際上這個效率會比試算出的數值略低一些。

推算起來，一顆穀粒可再長出九百顆穀粒。從這當中我們可看出水稻讓葉片變形發展，以達成其生殖的目的。另一方面，小麥穗的結構雖然與水稻截然不同，但是同樣進行試算，小麥所得到的比爲六十四倍，與水稻相同。小麥的小穗（照片2－9）因環境、品種大不相同，無法一概而論地拿來與水稻比較，但是隨著人工種植的發展，這些穀物的生殖／營養比確實都比原來大，這一點是不容懷疑。

照片2-9　小麥的小穗

佔據空間的能力與貯存養分的能力

讓水稻收穫量穩定的機制有好幾種。其中一種具有代表性的機制，就是植物能迅速地佔據群落間空間的「空間上的補償能力」，以及抽穗以前將光合作用的產物暫時儲存於體內的「儲備能力（時間上的補償能力）」。

土地有多餘可容水稻繁殖生長的空間，一株稻子的個體就會增加分蘗，稻穗結穀的穀粒數量也會隨之大幅增加。這種特性讓水稻在土地有多餘空間出現時，儘管植株高度維持不變，但是植株可往橫向發展，進而佔據更多的空間，增加生產的穀粒數量。假設每一支稻穗能長出一百二十顆穀粒，若稻子長出十八支稻穗，從毬果的觀點來看，其生殖/營養比即爲一一三，也就是一株稻子可以長出兩千一百六十顆穀粒。水稻的單位面積收穫量是否穩定，與耗費在生殖器官的比重大小、分蘗時，每支稻穗穀粒數的可塑性大小存在密切的關係。

在亞熱帶～溫帶的亞洲地區，水稻的收穫量比較穩定。其理由是因爲出穗前澱粉等養分會儲存在莖葉部位。亞洲的夏季氣候不穩定，每年幾乎都會出現颱風帶來豪雨，或者是鋒面滯留導致日照不足。水稻爲了避免天候不佳，於是發展出此種機制。

「浮水稻」是一種特別的基因型水稻，稻株在遭水淹沒時，莖會隨著水上漲而快速地伸長。這類型的稻株雖不易儲備養分，但也不易因淹水遭受太大的打擊。相對地，有些基因型的水稻莖成長速度較慢，雖然不耐淹水，但是在出穗、受精前能將光合作用的產物儲存在莖葉部。這意味著基因型水稻在時間上具有高度「分散危險」的能力（圖2－6）。即使在出穗以後灌漿成熟期

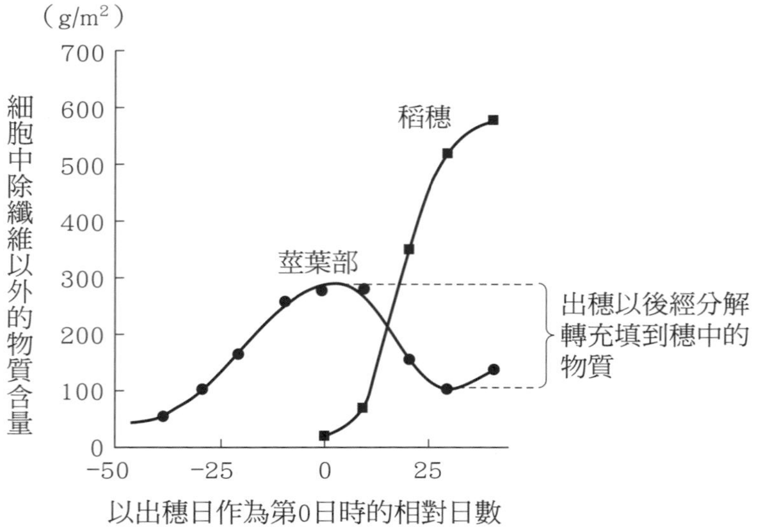

圖 2-6　水稻收穫量穩定生理因素
出穗時，穗的可食用部份（纖維以外部份）急速增加。同時，莖葉部的可食用部份快速減少。可能達到稻穗的三分之一（在日本長野縣伊那市的兩年間，越光米與糯光米（MOCHI HIKARI）的平均值）

間（將澱粉等的養分填充到穀粒中）遭遇天候不佳，光合作用的量不足時，水稻也能分解貯存在莖葉部的物質，在稻穗中重新合成，補充生產量，有助穩定產量。

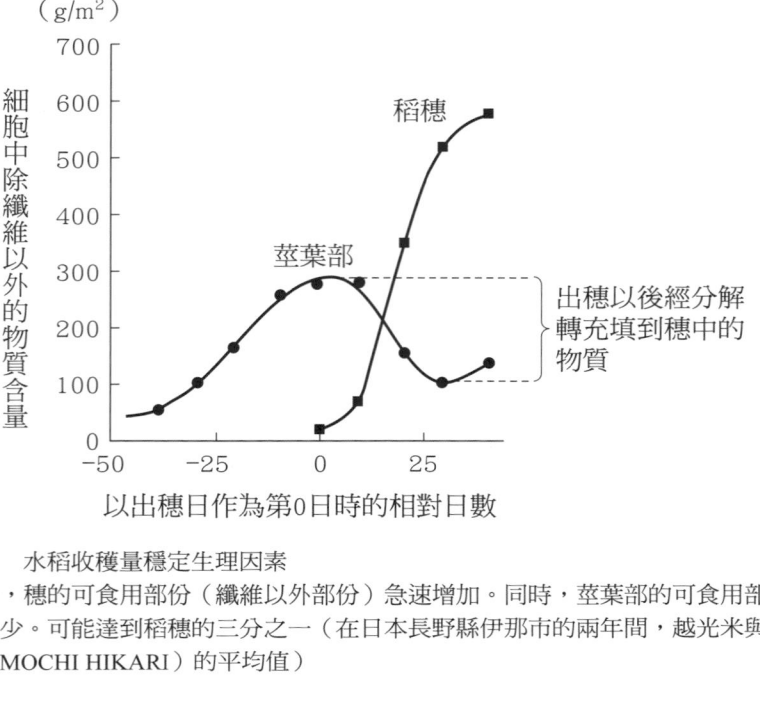

基因突變容易篩出

稻子很容易發生多樣的基因突變，也很容易將突變的形態固定。因此在進入近代以前，農家早就開始育種，在全球各地培育出各式各樣的品種。

在同一個體內進行受精生殖的情形稱作自體受精，由兩個不同個體進行受精生殖的稱作異體受精。亞洲的熱帶與亞熱帶的水稻野生祖先品種，雖然種子數量少，但是異體受精較多。相對的，水稻的馴化

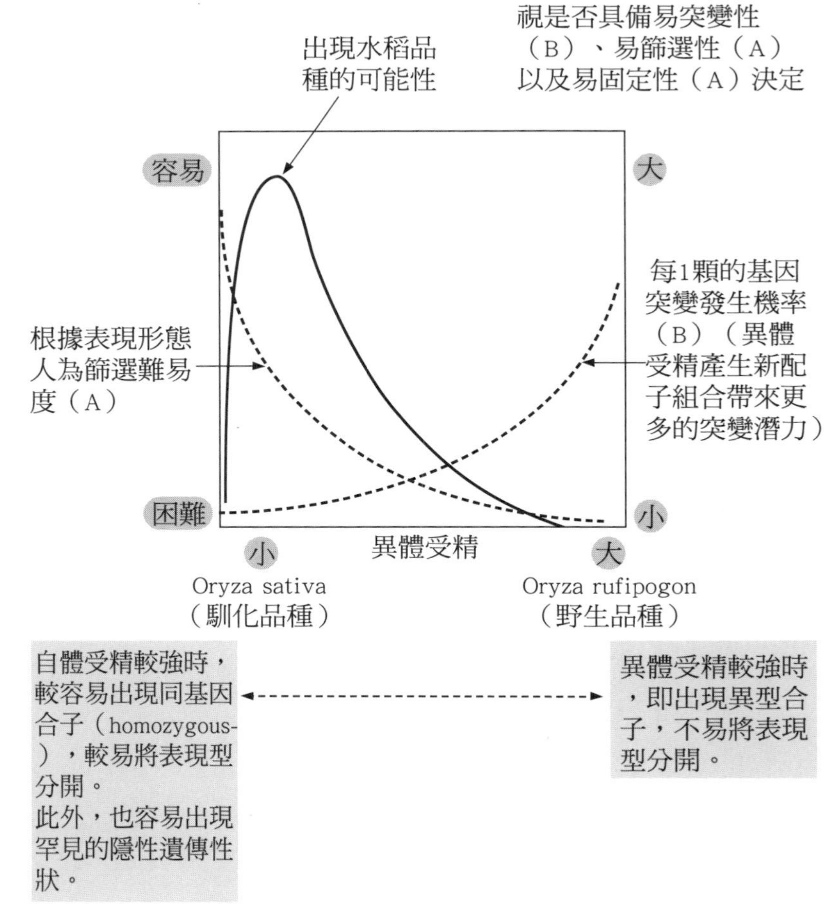
視是否具備易突變性
（B）、易篩選性（A）
以及易固定性（A）決定
出現水稻品
種的可能性
容易
困難
大
小
根據表現形態
人為篩選難易
度（A）
每1顆的基因
突變發生機率
（B）（異體
受精產生新配
子組合帶來更
多的突變潛力）
小
異體受精
大
Oryza sativa
（馴化品種）
Oryza rufipogon
（野生品種）
自體受精較強時，
較容易出現同基因
合子（homozygous-
），較易將表現型
分開。
此外，也容易出現
罕見的隱性遺傳性
狀。
異體受精較強時
，即出現異型合
子，不易將表現
型分開。

圖 2- 7　人工栽培品種的水稻較易擷取基因的突變

品種則以自體受精爲多（圖2-7）。野生水稻除了一年生的品種外，也有多年生的品種。有文獻提出，多年生性質較強的水稻，異體受精比率高達百分之五十～百分之六十。異體受精比率較高時，較易透過受精產生新的基因組合，出現基因突變的機率也較高（B）。

基於水稻如此之特性，人類從中採取種子，挑選具有特色的種子，經過代代篩選以後，最後傳承下來的主流就是一年生性質較強、自體受精率較高的品種。

自體受精會產生同基因合子，因此隱性基因容易顯現出來，也較容易進行人爲的篩選（A）。稻子的品種是否會被保留下來，與是否具備易突變性（B）、人類的篩選，以及突變是否可被輕易固定（A）息息相關。

一般認爲，目前日本的稻子屬於自體受精型，基因型穩定，但事實上目前日本的稻子有百分之一的機率爲異體受精。稻子會在上午九點開始開花，並且在開穎以前在穀粒內受粉。但若因爲氣溫、日照時間的長短導致花粉不稔（未能形成種子，或者所形成的種子不具成長能力）的話，由於稻花屬於風媒花，可能就變成異體受精。

近代亞洲培育了一種利用人爲方法讓稻子異體受精的F1品種，是一個具備了利用花粉對溫度、日照時間敏感變化稔性的系統。所謂的F1品種是指不同系統的稻子交配所得的第一代，以這種方法所產生的品種通常都很優秀。

一旦雜交之後，後代雖爲異型合子，但也會出現許多同基因合子的個體。農民見到明顯的顯著性狀時，由於稻子具有自體繁殖性，所以可輕易地增殖。例如，若農民看中糙米有白色的胚乳時，即可自行培養出「糯米性質」的系統。若出現黑色糙米的突變種，也可固定該基因，以培育出「黑米」。即使在現代，像越光米這種已經具備穩定遺傳性狀的栽種水田中，有時也會在廣大的水田裡出現變異，這樣的變異不知是因爲異體受精造成還是因爲突變造成，原因不明。所以，現代的農家都會定期購買原種（雜交極少的原來品種），以維持品種的特性。

在數千年當中，稻米如此繁衍出衆多品種，許多品種也自然地消失。異體受精的特性若太強，則品種特性難以固定，但若自體受精的特性過強，則不容易產生新的變異，稻米也就無法孕育出多樣的品種。現在的稻米品種能如此多元，都是拜基因突變可被輕易保留固定的結果所賜。

專欄

將黑米與紅米被稱作古代米的緣由

稻米的品種一直到二次大戰以後才幾乎都是白色。野生的稻米爲紅褐色，古代的稻米品種除了白色也還有其他各種顏色（照片2-10）。

植物的種子有顏色是很尋常的事。爲了提高種子的生存率，種子必須具備良好的抗氧化性、抗微生物力，還必須有能力避免遭動物食用。因此，植物體的這類紅色、黑色的物質中，就存在著具有高度驅避效果的成份。植物從裸子植物進化

照片 2-10　紅米（熊本縣阿蘇地區）

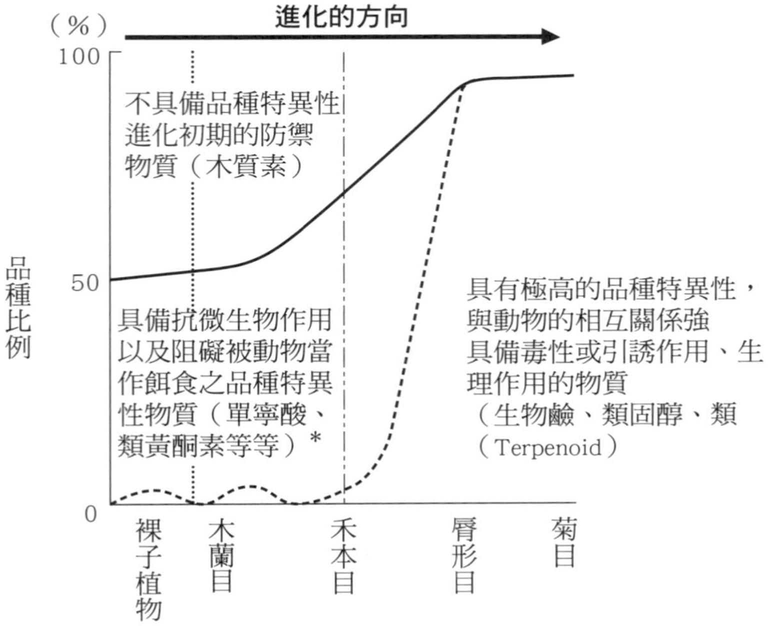

a · 植物從裸子植物進化到被子植物的過程中生成二次代謝物質

*紅米含豐富的單寧酸，黑米、紫米含有豐富的類黃酮素。

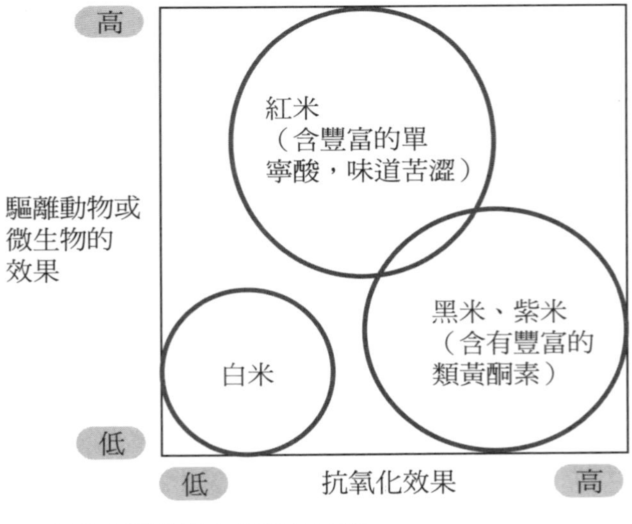

b · 與稻米種子壽命相關的因素

圖 2-8　紅米、黑米的存在原因

到被子植物的過程中，爲了保護自己不受動物或菌類侵襲，會製造各種的二次代謝產物。禾本目植物在進化的過程中，爲了防禦外敵，演化出能產生單寧酸、類黃酮素（Flavonoid）的機制（圖 2－8a）。更高等的品種則具備更複雜的防禦機制，能產生寒毒性或高度生理活性的物質。目前我們所栽培的禾本科穀物品種幾乎不含毒性或高生理活性的物質，其性質很適合食用。

根據野生的稻米品種中有紅褐色品種、古代的某些儀式使用這類紅褐色品種、歷史上有色米的種類很多，以及白米乃是產生紅褐色性狀的基因出現局部缺損所發展出的突變體等資料，可推測有色米才是眞正的古代米。植物在遭遇乾旱或寒冷的壓力時，體內的活性氧會增加，並且產生細胞酸化的問題。爲了避免細胞酸化，可以仰賴類黃酮素等具有抗氧化性的植物色素（圖 2－8b）。在農家，自古以來口耳相傳著一種智慧——「紅米可以種植在冷水的注入口，它既能耐寒害也能耐乾旱」。

此外，旱稻中有很多紅米的品種。生長在水田中的野生稻也是紅褐色，具有很強的抗氧化力與強韌的生命力。這些特質都可以從植物防禦物質的進化與生理生態來解釋。黑色與紫色的稻米品種在人類的篩選下被當作農作物栽培，屬於罕見的品種。

第3章

「三大穀物」——玉米、稻米、麥子

3-1 冬季的農作物——小麥

不適合以穀粒形態食用的小麥

全球穀物中，栽種量排名第一的是玉米，其次為稻米、小麥、大麥，依序排名第二到第四。因此玉米、稻米、麥子被稱作是「世界三大穀物」，但是到底為什麼這些穀物的產量如此龐大呢？

人類在一萬多年前開始在西亞栽種麥子，麥子是世界上最古老的穀物。舊石器時代的非洲人類發明了利用火加熱野生穀物的食用方法；在西亞則是從紀元前一萬兩千年左右，將野生品種的麥子磨粉；在紀元前八千年左右，人類已經會利用麥粉製作無發酵的麵包了。在伊拉克的雅莫（Jarmo）遺址，曾經挖掘出約在紀元前七千年建造的麵包烤窯，因此早在人類栽種作物以前，為了取得糧食，人類已經利用野生的穀物發展出穀物的加工、料理技術。

小麥（照片3-1，3-2）不同於稻米，無法直接食用麥粒。之所以如此，是因為小麥與稻米的穎果形態特徵不同。小麥的穎（殼的部份）不易剝落，果皮（包裹澱粉的皮的部份）比胚乳（澱粉部份）還堅硬，再加上正中心有輸導組織（conductive tissue）（纖維部份），很難像稻米一樣可以輕易地剝開穎果。大麥中，除無殼大麥（naked barley）（可輕易剝開穎的品種）外，穎都很難剝除。正因如此，人類才會發展出將穀物粉碎再食用內部的方法。

容易發酵，會釋放二氧化碳

穀物與人類生存的環境中存在著許多微生物，穀物磨粉加水後，只需靜置很快就發酵。因此，自古以來人類通常會將堅硬的穀物製作成柔軟的食物食用。之外，比較玉米、稻米、小麥與寒冷地區的重要作物裸麥（rye）的發酵特性，可發現裸麥在經發酵烘烤後，會緩慢地釋放出二氧化碳（CO_2）的特性（圖3－1）。圖中的「麵糰」是將麥粉添加百分之四十五～六十的水後揉成的生麵糰。

二氧化碳是麵包酵母（*Saccharomyces cerevisiae*）分解碳水化合物的代謝產物。所有穀物的生麵糰都會產生二氧化碳，玉米與稻米產生的速度最快，其次是裸麥，小麥產生的速度最慢，但是釋放時的速度很快。這意味著小麥生

照片 3-1　小麥果實的表面與背面（品種：春陽 Syunyou）

照片 3-2　小麥的麥穗

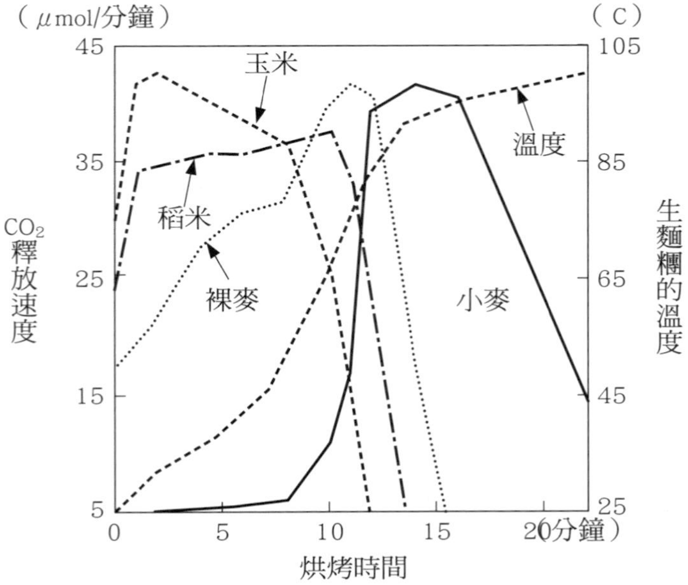

圖 3-1　烘烤過程中，二氧化碳的流失速度〔根據 Cereals and Cereal Products (2001) 的資料製圖〕

麵糰在大幅膨脹以後，會在瞬間釋放出二氧化碳。

烘烤後的麵包體積（稱作製麵效果），與蛋白質中的麩質（gluten）含量多寡有關。只有小麥的麩質含量豐富，生麵糰就能被拉伸、膨脹，讓食品的加工方法更爲多樣。而且小麥製作成麵包以後還具備含水分低，保存期間長的優點。稻米沒有這樣的性質，從這個角度來看，也可以說明爲什麼稻米不易被用來製作麵包。

小麥的此種特性極爲珍貴，人類在定居一處，不再需要搬運沈重的磨臼移動以後，就開始利用小麥的此種特性。小麥之所以在世界各地普遍栽種，其原因包括定居、磨粉加工的道具發達，以及小麥食品在保存上具備的優越性。

小麥的生理生態機制

小麥是一種適應夏季高溫乾燥、冬季潮濕低溫之地中海氣候地區的二年生植物（圖3－2）。地中海型氣候形成於地質年代的第四紀（約兩百萬年前），推斷小麥屬植物就是爲了適應這種氣候所分化出的植物。在冬雨區的地中海型氣候地區，小麥於秋天播種，然後在次年的夏季以前收穫。因爲跨越兩個年，被稱作是二年生植物或冬季作物。

植物的成長分爲營養成長與生殖成長。營養成長指的是莖葉以及根的成長，生殖成長指的是開花結果，產生種子的成長。小麥的成長過程，基本上受各時期之水資源多寡所控制。在降雨豐富的冬季進行營養成長，在乾燥的夏初完成生殖成長。在延續品種上，植物本身會精密地計算環境變化，緊抓出穗的時間點。

在穀物的祖先發展進化的古代環境中，日照量會隨著一個稱作米蘭科維奇循環（Milankovitch cycles）的週期大幅變動，因此氣溫與大氣中的二氧化碳濃度可能也都會隨著大幅改變（圖3－3）。在這樣的地球環境中，在末次冰河期（Last glacial period）後劇烈暖化的時期（約一萬年前）中，人類培育出數量衆多的小麥栽培品種。在環境裡一年當中的光線比溫度的變動小時，對植物而言，光線可提供比較「可靠」的訊息，有助於掌握生殖成長的時間點。也因此，馴化小麥的生理對於光線與溫度的複合訊息反應機制極爲發達。

地中海型氣候的季節變化例

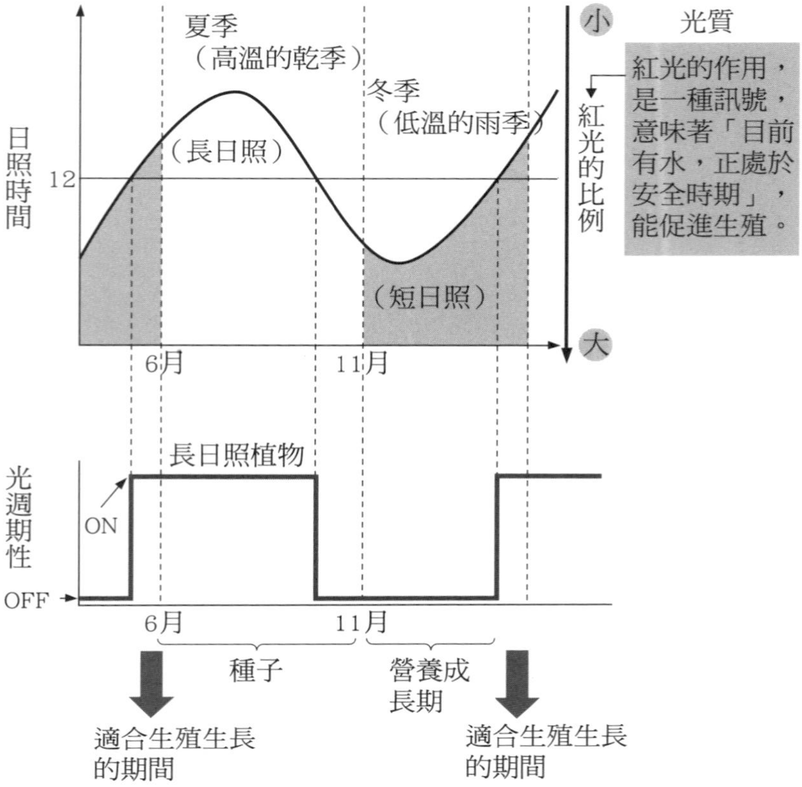

1)面對缺水壓力的生存策略
在一定之長日照條件下，花芽分化的性質（指在長日照反應性類型中的長日照植物），提供乾季（夏天）「警告缺水即將到來」的功能。
2)寒冷地區的生存策略
除非經歷過一定程度的寒冷，否則即使暫時達到良好的溫度條件，也不會進入生殖成長。這是植物在寒冷地帶慎重推動成長的「安全擔保」功能。

日照資訊比溫度穩定。綜合這些資訊，即使水和溫度的條件仍不穩定，但植物也能感應到這是種子可以繁殖的最佳時期。

圖 3-2　生態學上小麥對日照反應的意義

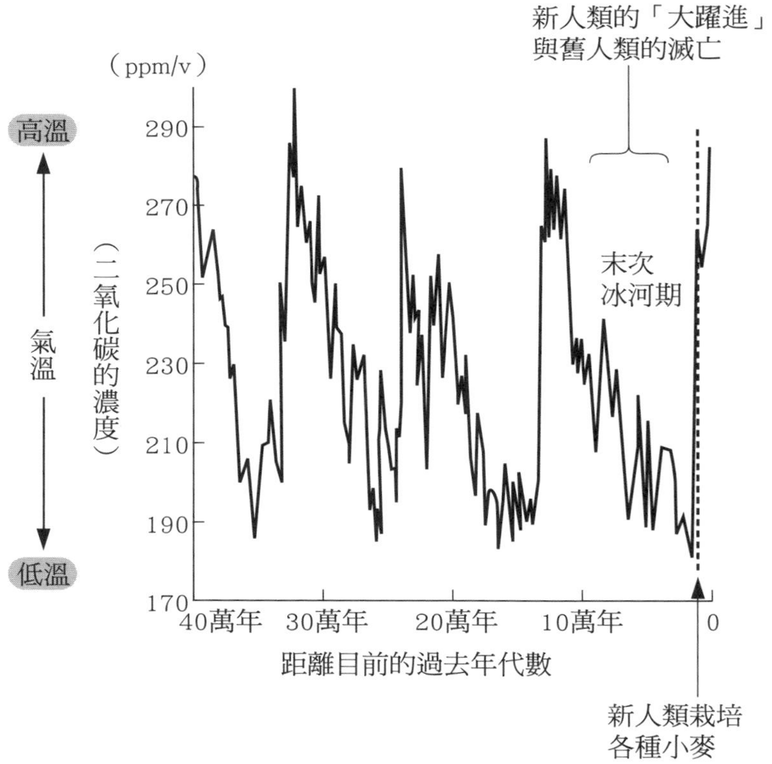

圖 3-3　大氣環境的變動以及作物成為人類栽培品種的時期〔根據 Barnola 等（2003 年）的南極沃斯托克冰芯資料製作〕

對二年生的小麥而言，在光線上最重要的是日照時間長度與光質。當日照時間長度達到一定條件時，花芽分化的性質（在光週期性的分類中稱作長日照植物）發揮了提供生態學上乾燥夏季「缺水即將到來」警訊的功能。

談到光的質地，可視光中的紅光佔比較高時，會加速花芽分化。冬季的太陽角度較低，陽光中紅光領域（波長六百～七百奈米）的佔比會升高。雖然這時期的氣溫仍低，但較無水資源短缺的

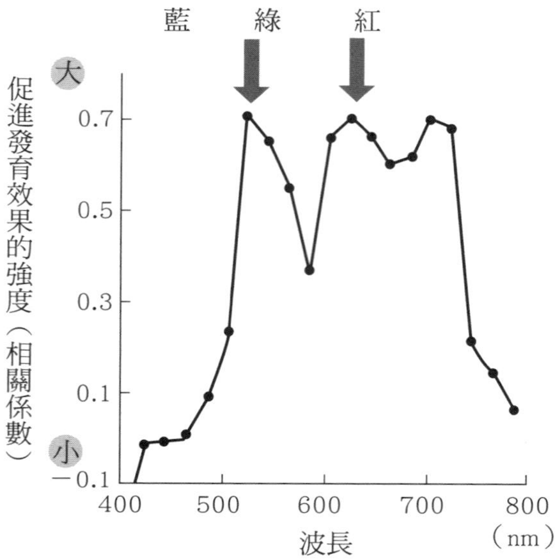

圖3-4　小麥的發育速度也會受光質影響 春播性品種「農林61號」與秋播性品種「春陽」的平均值〔根據笠島真也等人的資料製圖〕

風險，所以陽光意謂著「生殖機會佳」的意義也比較強。而且在笠島眞也先生與筆者的研究中，也有發現到綠色領域（五百～五百五十奈米）的光的比率較高時，會促進花芽分化（圖3－4）。葉片所吸收的主要是紅色與藍色領域的光，因此當樹葉發生相互遮蔽以及在植物群落中的時候，綠色領域的光就會相對升高，這情形可能具有發出「與地面其他植物競爭」的警報功能。

小麥的變異

大部分野生品種的小麥都屬於秋播性品種。秋播性小麥需要在一定的低溫條件下才會冒出花芽，這種性質稱作「Vernalization」（春化）。在溫暖的年份預期外的出穗會導致生殖成長失調。在小麥的遺傳特性中，爲避免溫暖環境導致植物全面性毀滅的狀況發生，存在著「低溫需求」的性質。

現在很多品種的小麥栽種在緯度較高的北美、俄羅斯、加拿大等地區，這些地區冬季太過寒冷，容易導致秋播性品種遭受寒害，因此這裡栽種的是春播性品種，其「低溫要求性」較小，在春天播種也能出穗。春播性品種是在人類漫長的農作歷史中，從秋播性品種突變發生的品種，具有顯性的基因性狀。

照片3-3　由左至右：裸麥、小麥、六條大麥、二條大麥

這類小麥自身的基因突變也對帶有此類基因的小麥擴大分佈範圍產生了推波助瀾的作用，同時人類將與其生長環境類似的裸麥或燕麥等其他品種的禾本科穀物一起栽種，也促進了春播性品種小麥的普及（照片3－3）。人類未必對所有的植物都瞭若指掌，有時候會將植物仔細分類分別栽種，有時又會將異種植物混合栽培，所以不論是否刻意，一直以來人類在有意識無意識間，已經將不同品種的作物混合栽培了。一般而言，不同品種的作物混合栽種，不僅能穩定單位面積的收穫量，更重要的是在面對環

境變化時，能穩定提升收穫量。這應該也是人類以麥類植物作爲糧食的原因之一。

3－2 水稻的再生能力

水稻的生理生態機制

水稻是從稻亞科（*Oryzoideae*）所栽培出來的穀物，最早源自於生長在東亞季節風地區濕潤地帶的野生稻子。

對多年生的野生稻子而言，淺沼澤地帶或水塘是十分舒適的環境，在這種情況下不須大量生產種子，意義不大。因爲在沼澤地或水塘地帶，植物長得越高，在營養成長上就較其他植物具有競爭力。在這樣的環境下，生產種子對多年生的母株而言並非是件有利的事。

但是，當野生稻的生存圈擴大，在乾燥地區遭遇多年生品種會枯死的狀況時，野生稻也發展出能生產耐乾燥種子的一年生品種。對人類來說，能大量生產種子，且種子中飽含人體可消化澱粉，以及具有保存性的一年生性質，是再好不過的品種了。

拜適應的過程發展之賜，稻子即使被鐮刀從根部割稻採收，被切斷的稻莖處仍保有再生的多年

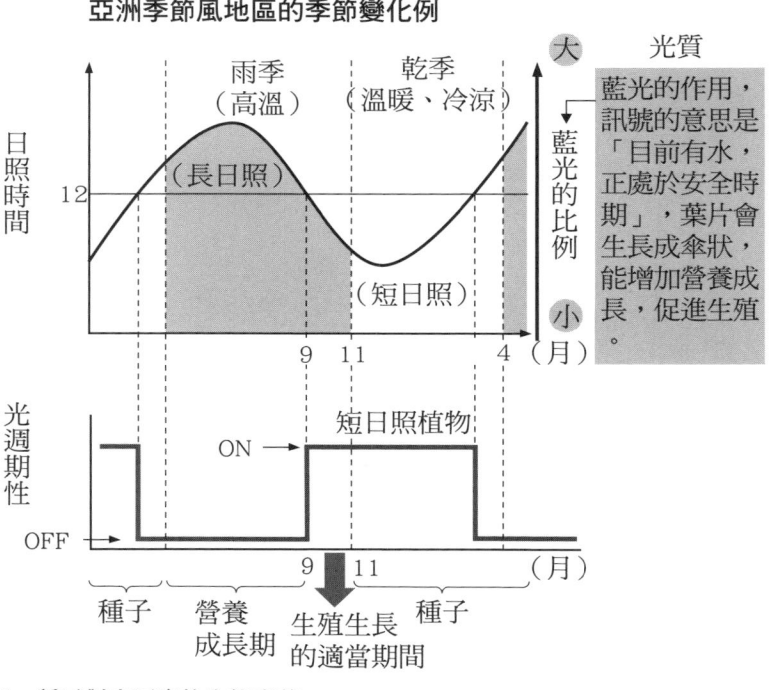

4-1 五穀米與白米

什麼是五穀？

很多人都聽過「五穀豐饒」、「五穀米」這樣的辭彙。那麼辭彙中的五穀到底指的是什麼？五穀並不是把日本人熟悉的五種穀物併列在一起就叫五穀。從結論來看，五穀是將穀物的性質標示成符號，以符號呈現出東亞的世界觀（圖4-1）。但在說明這些以前，得先解說一下「氣」是什麼。

「氣」會形成象意（方位），是人類為了解釋各種現象，試圖將顏色、空間的位置、時間的位置、人的行為、身體器官、思想、昆蟲的發育階段、味道、聲音等世界分成五類所發展出來的理論。「氣」是解釋自然界的元素因子，它的定義包括相剋與相生等受因果、輪迴影響的成份。對東亞的許多民族而言，「氣」是很重要的分類群，這樣的分類與以碳或氮等化學元素所作的分類不同，是根據生活中的機能（作用）區別，是一種人為的分類。這樣的分類方式包含了「保持身體溫暖」、「放涼」等作用的意涵在內，然後才被轉換成符號。

這套邏輯結合了誕生於中國春秋戰國時代的陰陽思想和五行思想形成。它是為了解釋自然界

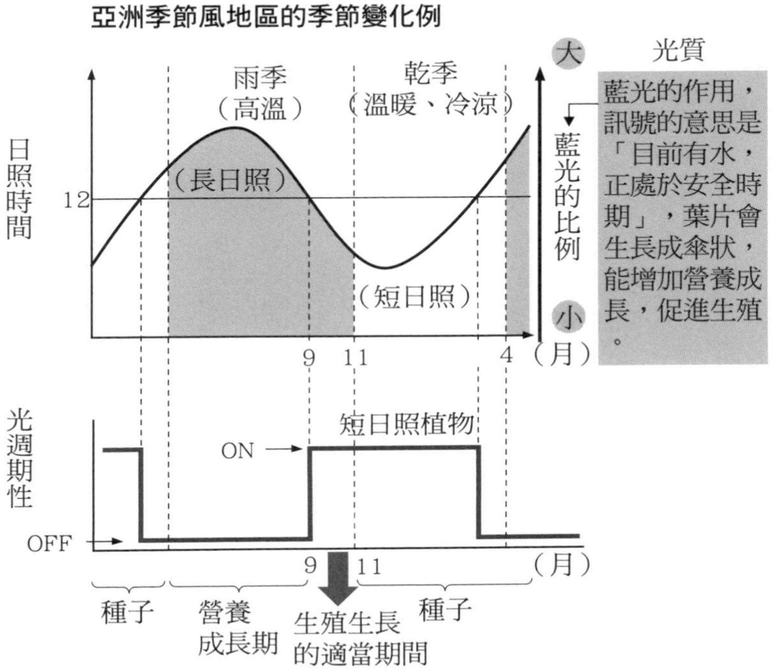

圖3-5　稻子對光反應的生態意義

生性質。日本本州在冬季裡會結凍結冰，若未採取任何保護措施，稻子可能因此枯死。但是在熱帶與亞熱帶地區，即使遇上如亞熱帶的熱帶莽原氣候（Tropical savanna climate）般的乾季，只要在濕地，再生稻也是能繼續生產糧食。

稻子即使仍保留著多年生的性質，但農家依然將其視爲是一年生的作物栽種。所以對稻子而言，陽光所含的訊息同時蘊含著一年生與多年生的雙重意義。稻子的特性是，在一定的短日照條件下會開始花芽分化的性質（在光週期性的分類中屬短日照植物）。在亞熱帶的熱帶莽原氣候，這個性質扮演著提醒即將進入冬天乾季，「缺水即將到來」的警訊功能，這個訊號會促進植物進行生殖生長（圖3－5）。缺水程度年年明顯不同，所以對植物而言，從日照訊息感知季節變化，可能更有助於生存。

當藍光領域（四百～五百奈米）佔可視光的比率升高時，稻子的花芽分化期通常會隨之提早展開，而小麥正好與之相反。此時，葉子的開張角度也會隨之增大，改變植株形態以增加受光量。藍色光具有大氣中光線散亂的性質，在太陽角度較高的雨季（夏天）或氾濫的河川環境中，可視光中藍光的佔比會升高。因此，藍色光的增加與否意味著該時期的水量是否充裕。對於擁有多年生與一年生性質的稻子而言，藍色是一種訊號，意味著「現在是營養繁殖與種子繁殖的好時機」以及「可能淹水的警訊」。

稻子不像麥子具有低溫要求性。這是因爲稻子源自亞熱帶、熱帶地區，稻子適應了沒有凍結危害環境的關係。

3－3 玉米普及的原因

源自中美洲

玉米和小麥或稻子不同，它的野生品種以及如何被人類馴化的過程充滿了謎團。玉米源自中美洲，推斷始於奧爾梅克（Olmec）與阿茲特克（Azteca）文明的墨西哥、孕育馬亞文化的瓜地馬拉、宏都拉斯這一些地區。玉米的起源可能與分佈於該地區的一年生（二倍體）與多年生（四倍體）的大芻草（teosinte）（禾本科一年草）或多年生的磨擦草屬（*Tripsacum*）植物有關。

墨西哥的中央高原部屬乾燥的沙漠氣候與乾草原氣候，墨西哥灣沿岸與太平洋側屬溫帶氣候，包括猶加敦半島（Península de Yucatáu）在內的南部地區，都屬熱帶氣候，宏都拉斯則屬於熱帶莽原氣候與熱帶雨林氣候。相較於其他穀物的起源地，玉米的起源地是在一個充斥多樣氣候的狹窄地區。這個地區有光線充足的山岳地區，且位於北半球，爲夏季炎熱冬季低溫的夏雨型暖濕氣候。

照片 3-4　玉米品種的多樣性。由左至右：馬齒種（dent corn）、硬粒種（flint corn）、爆裂種（pop corn）

在這樣低緯度的環境中，光線比溫度更能反映季節的變化，尤其是日照長度的差異，因此植物也進化成對光線變化，尤其是對日照長度敏感的基因形態。這樣的基因形態是爲了確實掌握降雨時期發展而來。而且在熱帶的高海拔地區以及乾燥地區，能夠耐高溫、乾燥以及強光的基因型也被篩選流傳下來。在此同時，在高海拔地區，則是生育期間較短的早生種被流傳下來，而低海拔地區留下來的是生育期間較長、收穫量較多的晚生種。當這些植物向北傳播開時，也分化出對日照長度較不敏感，即使在高緯度日照時間較長的夏季也能栽種的品種。被栽種在多樣環境下的玉米也因此發展出各式各樣的品種。這正是玉米得以傳播到世界各地，栽培地區越來越廣的原因之一（照片3－4）。

可濃縮CO_2的意義

玉米屬於進化成能適應高溫、乾燥地區的PACCAD系統（參照圖1－3）族群。它們與稻子或小麥這些進化到能夠適應寒冷、乾燥地區或者適應了高溫、多濕地區的族群BEP系統的進化系統大不相同，生理生態特性也不一樣。

像玉米這類屬於PACCAD系統的穀物，大多擁有C_4型光合作用迴路，屬於BEP系統的穀物則擁有C_3型光合作用迴路。C_4型作物在低緯度地區的總收穫量（生質能）較高，C_3型則在高緯度地區的收穫量較高（圖3－6）。C_4型作物在低緯度地區收穫量增高的理由是，C_4型作物的結構使其在溫度即使升高的環境下，葉片的光利用效率也不輕易降低。

所有作物遇到光線強烈時，透過光合作用的光反應，葉綠體會生成豐富的氧（O_2）。所謂的光反應就是光化學反應（被光能誘發之物質所產生的反應），是在光合作用的過程中直接因為光

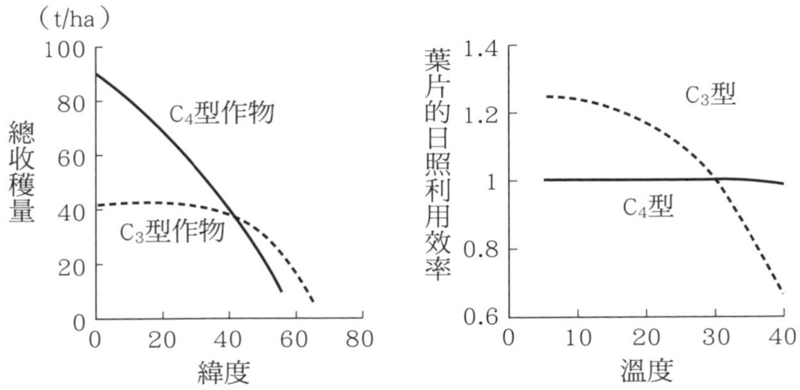

日照利用效率顯示的是每一單位之光合作用有效輻射量子數的CO_2吸收速度，此處的數值是以C_3在30℃時的值作為1時的相對值。緯度愈低溫度愈高，海拔每升高1000m溫度降低約6℃。

圖3-6　光合作用型植物適應地區環境的差異〔左圖根據Loomis and Connor（1992）的資料製作〕

線照射產生的反應，在葉綠體中利用光能合成ATP，分解水分解後釋出O_2（希爾反應（Hill reaction）），產生氫化合物。在稻子和小麥這類C_3型作物上，這種所謂暗反應的酵素–RuBisCO會降低固定CO_2的能力，促進固定O_2。但是像玉米這類C_4型作物進行光反應（葉肉細胞內的葉綠體）與暗反應（維管束鞘細胞內的葉綠體）的部位不同，所以玉米能同時濃縮CO_2，抑制RuBisCO固定O_2的反應，維持固定CO_2的能力水準。

玉米與小麥同樣都生長在乾燥的環境中，但生理上的適應狀況卻大不相同，兩者之間的差異在於遇到乾燥環境時，在關閉氣孔的狀態下葉片中處理O_2的方法不同。所有的植物為了避免乾燥時的水分蒸散，都會優先關閉氣孔，可是這麼一來，葉片就無法進行氣體交換的工作，也會同步

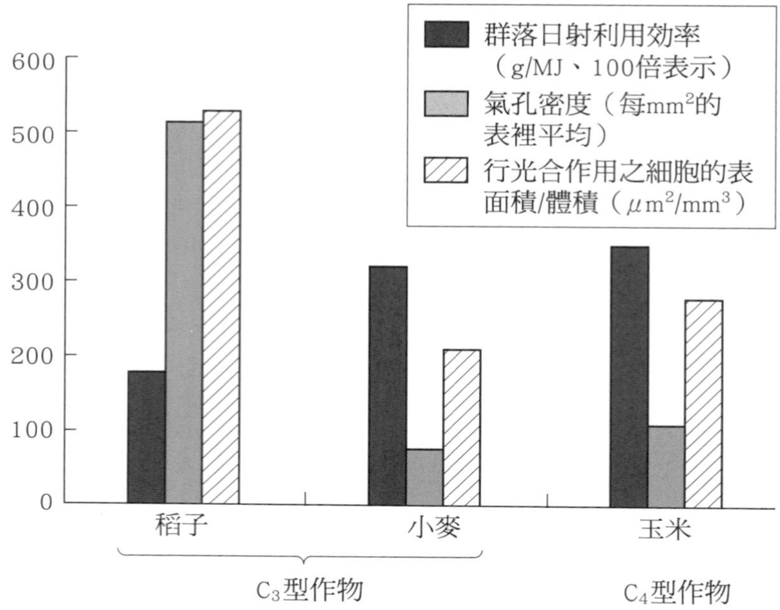

日照利用效率為所吸收之每光合作用有效輻射量的群落光合速度比

群落光合作用速度（P_n）是空氣的CO_2濃度（C_a）與葉綠體的CO_2濃度（C_c）的差（下列式子）與CO_2傳送到葉綠體的擴散抵抗（分母）的比。群落的擴散抵抗越低光合作用的速度越快，擴散抵抗是大氣的氣層（γ_a）與葉面交界層的抵抗（γ_b）、葉片的氣孔抵抗（γ_s）、葉肉抵抗（γ_m）的加總，前面兩項的抵抗主要會因風的影響降低，γs在氣孔密度高時會打開氣孔，降低擴散抵抗，γ_m為從氣孔到葉綠體的組織整體的抵抗，細胞的表面積／體積升高γm就會降低。

$$P_n = \frac{C_a - C_c}{(r_a + r_b + r_s + r_m)}$$

圖3-7 群落日照利用效率與葉片的氣體交換能的品種間差異
〔葉片特性根據長南（1970）、後藤（1986）的資料製圖，利用效率根據Loomis and Connor（1992）、堀江（1985）等人的資料製圖〕

減少CO_2的固定量。一般而言，當氣候乾燥時日照也較強，氣溫升高。強光會活化光反應，增加葉子內部的O_2。高溫會降低細胞中的CO_2溶解度，再加上減少固定CO_2量，不利條件增多。玉米在乾燥、日照強以及高溫時能濃縮CO_2，但是小麥沒有這種能力。所以兩者在光合作用的生理上以及葉片的組織上有極大的差異。

稻子、小麥、玉米的葉子各有各的特徵，在群落狀態下，它們的日照利用效率大不相同（圖3－7）。稻子擁有C_3型的代謝迴路，充分利用強烈陽光的能力較其他兩種作物差。相對地，稻子群落較其他兩種作物更容易輸送CO_2，稻子葉片的氣孔密度更高，而且負責行光合作用的每個細胞表面積爲小麥、玉米的約兩倍以上，更容易進行氣體交換。

小麥與玉米氣孔密度較低，藉此減少單一細胞體積的表面積以抵抗擴散。這樣的結構是爲了因應水資源短缺所發展出來。缺水時，小麥會讓植株底部的葉片先乾枯，減少葉片數以降低水分的蒸散量，同時將葉片豎直到與莖呈接近垂直的角度，讓光可以照射到整個群落。同時，小麥會增加葉子裡的葉綠素，提升日照的利用效率。玉米葉片的CO_2運送的擴散抵抗程度與小麥大致相同，但是因爲玉米擁有C_4型迴路，所以即使因爲乾燥氣孔抵抗升高，在高溫環境下葉片的日照利用效率也不會如小麥般地降低，對群落生長較爲有利（參照圖3－6）。這也是爲什麼在墨西哥以及美國南部乾燥地區會大量栽種玉米，這背後有其生理生態學的因素存在。

玉米的特質有利於新品種的培育

穀物莖的部份稱作稈，稻子與麥子的稈都是中空結構，但是玉米與高粱則是實心結構。玉米的雄穗長在玉米稈的最上方，雌穗長在玉米稈的中間（圖3-8）。當花粉由上往下散播時，不論花粉是附著在自己的雌穗或附著在其他個體上的雌穗都能讓植株受精，也很容易產生各種突變。稻子與麥子裝有花粉的花藥與雌蕊同時存在於穎花內，幾乎都是自體受精，相反地，玉米的雌穗與雄穗長在不同地方，因此很容易發生異體受精。玉米可任意透過人工方式進行新的交配，創造突變，也能自體受精，這樣的特性有利於新品種的培育。

因爲玉米具有這樣的生殖特性，自古以來人類就會不斷地以人工方式改良玉米的品種，而且創造出近代多產品種的育種契機。此外，F_1品種具有成長速度與收穫量增加的特質，也就是具備所謂的雜種優勢（heterosis）。這種雜種優勢被運用在育種上，例如二次大戰後廣泛利用於蔬菜上，近來稻子的育種也開始利用F_1品種。玉米是農作物中單位面積整體收穫量（生質能）的多產作物先驅。

在反覆的栽種與篩選過程中，玉米的穗軸漸漸縮短變粗，人工栽培中也出現近似植物進化「儉約（parsimony）法則（無用的器官退化，同化產物出現進化，能供經濟用途使用）」的現象。

筆者曾經拿玉米與大芻草（teosinte）交配，輕易地就完成了雜交。黃色的硬粒玉米與灰色的大芻草雜交後，只有種子的前端是黃色，一半是灰色。從穗的正上方觀察時，可見到種子面對面地排列成兩列（條）。隔年把這個系統再度拿來和玉米花粉交配，栽培出的後代種子變成四列，黃色部份增加，而且穗軸變得更硬不易折斷，很接近現代玉米的形態。當我們折斷現代玉米品種的雌穗時，可以看到一般的雌穗種子都是以八列到十四列的偶數形式排列，這應該是在雜交之下，種子的排列數逐漸增加的結果。

經過雜交以後，玉米的雄花與雌花分開，雌花下方的葉子變成苞片（包住花苞的葉鞘），原本包圍一個個子房的苞退化，軸穗縮短變得不易折斷，穗上的種子也形成緊密的排列。這樣的玉米結構是人工栽種的結果。玉米的形態經過人工栽培，出現大幅的轉變，也成爲對農民、對工業利用都十分有利的穀物。

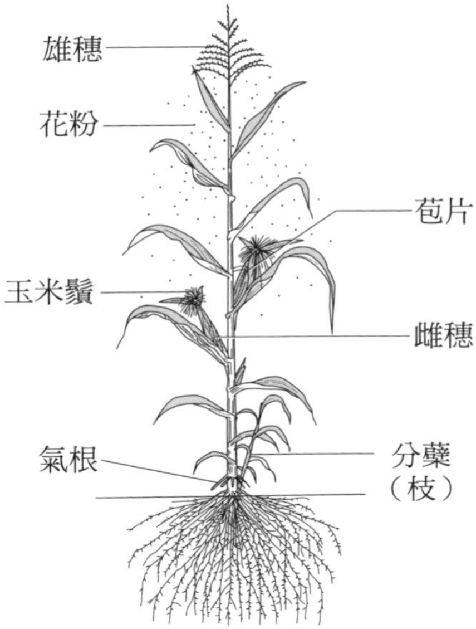

圖3-8　玉米的穗

人類創造的玉米特性

玉米的生產地區之所以能擴大到北方，與玉米光週期性的消失有著密切關係。穀物的發育通常視日照時間與溫度決定，日光是一種訊號，意思是有限的水資源可獲得穩定使用。玉米起源於

照片3-5　珍珠粟（西非，尼日）

中美洲的熱帶山區，雨季集中於夏季。在這個地區，植物必須在夏季成長並且完成生殖成長，這當中仰賴的就是對日照的敏感反應。玉米必須在短日照的條件下促進生殖，因而發展成短日照植物。對日照敏感會導致作物在長日照環境停止發育，造成玉米稈越長越高，但卻不長穀物的情況。今日在夏季長日照的高緯度地方之所以能夠栽種玉米，就是因爲出現了對光反應較弱的中生品種，這類品種單純，只要根據溫度的訊息就能生產種子。

玉米、高粱、珍珠粟（照片3－5）被稱作是「長大型作物」，稈長高達二～五米。從熱帶引進到日本的品種，其稈長又變得更長。原因是這些品種都是生長在低緯度環境，屬於對日照長度敏感反應的品種。當遇到日本夏季日照時間較長時，植物的生殖延後，營養成長期間拉長，因此稈長長得較原來更長。

不過，這些植物在原產地的稈長未必比較短。在亞熱帶的越南山區，存在稈長五米的高粱品種，在西非熱帶雨林氣候的貝南（Benin）共和國，也栽種了稈長超過5 m的甜高粱（sorgo）品種（照片3－6）。除此以外，在西非熱帶莽原氣候的尼日，野生品種的珍珠粟雖然比較矮小，但是人工種植的品種幾乎都超過三公尺。在低緯度的熱帶地區，長大型作物除了採收它們的種子外，稈也可用來當作燃料、以及房屋的建造、飼料等用途使用。在這些地區，利用整個雨季期間努力成長、稈長較長生質能（biomass）較大的「長大型」作物十分受到人類歡迎，人類也刻意地栽培出具備強烈感光性質的品種。像這類「長大型作物」所具有的特性，就是透過人所創造出的特性。

玉米被用來當作飼料的原因

玉米種子單顆的重量比其他穀物的種子還重，而且單顆種子的收穫量也勝過其他穀物。從一粒玉米種子成長到一株玉米植株後，可產生出四百～一千顆的種子。若單純看種子顆粒的數目，玉米的增殖效率可能與小麥或稻子相差不大，但就算是普通品種的玉米，一千粒的重量約在兩百～四百公克之間，是稻子或小麥的大約十倍。一粒玉米種子播種以後可得到一百五十公克的收穫，而且種子集中生長在同一支雌穗上，只要手一抓即可輕鬆採取。玉米的初期成長速度快，可輕易壓制其他雜草，而且有苞片包覆，沒有鳥害之苦。除此以外，玉米不須經過脫粒，搬運輕鬆，這一點對地形複雜的山區農民而言尤其珍貴。像稻子或麥子這些禾本科穀物，烹調之前必須經過脫穎的步

照片3-6　生質能龐大的sorgo甜高粱

驟，但是玉米則不須耗費工夫，只需徒手即可採摘食用。這樣的栽培特性特別適合大規模機械化的栽種方式。

玉米除了人類可食用的穀物部份外，其他部份還可作爲牛等反芻家畜的飼料，這項優點也是北美栽種大片玉米田的原因。相對於乾燥的稻稈與麥稈中可消化養分總量（TDN）佔百分之四十，玉米則高達百分之六十，價值是稻稈與麥稈的一・四倍。在大量飼養牛隻的北美地區，這是很可貴的優點。

後哥倫布時代玉米被帶到歐洲，短短不到兩百年時間玉米已經遍佈整個歐洲。這是因爲玉米具有能適應廣泛地域的能力、容易栽種以及飼料用途價值高的緣故。

3-4 人類如何改變了穀物？

人類為什麼開始食用穀物？

穀物中，人體可消化的部份是去除穎以後的果實部位。人類在學會（一）撿拾收集穀物，（二）去除堅硬外殼部份的兩項能力後，人類從此不須再與動物搶食。除此以外，穀物擁有良好的保存性，增殖效率非常高。人類的行為傾向中存在「花最小努力獲得最大利益」的特質。不須大費周章即可取得的穀物，對人類而言，是非常吸引人的糧食來源。

植物學家傑克．羅德尼．哈蘭（Jack Rodney Harlan）在土耳其東部山麓的草原上做過一個實驗（一九六七年），這項實驗是以單手抓取一粒系小麥以及野生小麥的相近種，計算單手可採取果實量的實驗。實驗結果顯示，人類一小時平均可採集到兩公斤的果實。這當中在去除穎與穗軸等無法消化的部份後，實際採集到的果實約一公斤。以此方法計算，人類只需花費三週時間即可採集到一年所需糧食，在確保糧食所需的穀物上不須耗費太多力氣。這也幫助人類能為生活創造出更多的餘暇，是生長在草原上的穀物為人類帶來的重要特性。

有一項以居住在熱帶莽原氣候尼日共和國的扎耳馬人（Zarma）為對象的調查，就是研究他們如何利用野生穀物。在尼日的蒂拉貝理省（Tillabéri）有一片即使在乾季也仍然潮濕的窪地，這裡群生著各種的禾本科野生植物。平常扎耳馬人光靠栽種的珍珠粟或高粱就能獲得充足的糧食，但是遇到乾旱來臨時，糧食往往不足。因此，馬扎耳人在欠缺糧食時，會採集野生稻子、黍屬雜草、稗屬雜草搗碎食用。這種以抓取方式收穫的作業，從數千年前史前時代就一直流傳下來，是人類至今依然存在古老文化。

	野生品種	栽培品種	有益人類之處
休眠特性　深淺	深	淺	播種
不一致性	大	小	播種
種子大小	小	大	播種與加工
種子數量	多	更多	播種與收穫
優養環境下的倒伏	大	小	栽培
出穗一致性	不一致	一致	收穫
收穫指數	小	大	收穫
脫殼性（容易收穫	困難	簡單	脫穀
可消化部份的程度）		困難（皮性）	貯藏
果實的色素	多	少	食用的口味

脫穀性＝（脫稃性）/（脫粒性）
收穫指數＝（穀物的重量）/（植物體的整體重量）

圖3-9　人工栽種導致穀物特性的改變與其優點

栽培品種的休眠性低

大部分禾本科植物的品種都能適應開闊的草原環境，也生長於此。從大約白堊紀後期（約六千五百萬年前）開始，禾本科植物在草食動物採食的中不斷進化。承受淘汰壓力的植物會將各種特性傳承給下一代。例如細根有助於固定於土地中不易被拔起的特性；或者莖葉即使遭到採食，但是眾多的分蘗（相當於地上的枝）能幫助植株不易枯死、成長點位於地表面上不易受傷；又或是穗的成長速度快，但是莖幹會硬化的特點；利用芒保護植株，阻礙動物採食等等的性質。除此之外，爲了分散遭到大群草食動物啃食的危險，植物不會一口氣完全出穗，而是採大群落的生長方式以提升保護的效果。

人類著眼於草原野生植物這樣的特徵進行採

集、利用，進而採取穀物的種子進行播種、栽種。因此人類栽培的品種，應該經歷了人類在植物基因突變中的篩選，選擇有益於人類的基因，並將其保存下來。人類在種植穀物的過程中，未必明白基因變化的情形，不過圖3-9呈現了穀物從野生品種轉變成栽培品種時，特性變化的大致方向。

這些特性中，休眠特性雖然無法根據穀物的形態來判斷，但是主要是受到植物防禦素（phytoalexin）所控制，讓植物的生理機能處於休止狀態。休眠是野生植物的一種「安全裝置」，在收穫以前種子成熟的階段植物會進入深度休眠，直到種子完全成熟收穫後持續休眠一段時間，這個機制讓種子即使處於適合成長的環境也暫時不至於發芽。大部分栽培品種的休眠性狀都較野生品種不明顯，貯藏不多久，種子就會從休眠中醒來開始發芽。甚至收穫前若遇到連續的雨天，種子可能直接就在穗上發芽，對植物而言危險性增大。這種特質，可說是植物被馴化成栽培品種後特有的不利現象。人類播種後，從休眠中醒來的種子會同步發芽，這個珍貴特性讓人類能以最少勞力獲得收穫。

除此以外，「人工栽培」讓植物的衆多性狀出現變化，變得更容易栽培、收穫與加工。對生活在自然界中的野生品種而言，這些特性都不利於生存，但卻是有利人類的特性。

3—5 以最小的努力獲得最大利益

從脫穀看穀物的變化

將野生品種培育成栽培品種的過程稱作馴化（domestication）。在眞正進入馴化之前，植物應該存在一段很長的助跑階段，稱作半馴化（semi- domestication）（中尾佐助，一九六六）。在中尾佐助的論文中指出，半馴化對人類歷史非常重要。因爲半馴化的過程包括了幾個歷史性階段：（一）人類破壞了居住周邊的環境，（二）在被破壞的環境中出現可適應該環境的植物，（三）人類將植物從原本的生長環境帶回，種植在居處附近，並在淘汰過程當中保留了適合人類的品種。在這個過程中，適應被破壞環境的雜草扮演著重要的角色，甚至很多作物的前身就是雜草。當植物習於這樣的過程，同時加上植物本身因爲生殖產生突變體的頻率升高，都促進了「半馴化」的發展。

穀物可消化部份是否容易採取的性質，稱作「脫穀性」。視「脫粒性」以及「脫稃性」的基因性質來決定（參照圖3—9）。「脫粒性」是指穗軸與果柄是否容易折斷，「脫稃性」則是穎與果皮去除的難易度。

穀物的殼很硬，必須使用沈重的臼輾壓敲擊，進行剝除穎的脫稃作業。這些器具不易搬運，所以半馴化的過程始於人類開始定居於一處後才展開。「脫穀性」以及「脫稃性」是兩種對於取出穀物可食用部份很重要的性質，栽培品種比野生品種更容易脫粒與脫稃。

圖3－10是按照脫穀性的兩種性狀所整理出來的穀物特徵。從圖中可以看出，從野生品種發展到栽培品種的過程中，穀物未必會出現一定的變化模式（圖3－10）。大部分的栽培品種，變化的過程是從脫粒性大、脫稃作業難開始，發展出脫粒性小、脫稃作業簡單的性質。例如，被視爲是玉米野生品種之一的大芻草（teosinte），其脫粒性大，果皮也極厚難以剝除。野生稻子與野生麥子相同，早期小麥的苞片非常堅硬，因此難以脫稃。大麥以及燕麥這類「皮型」穀物，其栽培品種的穎與果皮黏在一起，也無法脫稃，但是這些特性，都是爲了適應乾燥地帶的氣候所產生的性狀。而蕎麥與韃靼蕎麥非常容易脫粒，但卻難以脫稃，則是屬於適應寒冷地帶結凍氣候的特殊作物。

由此可見，穀物的脫殼性在配合人類提升採收與加工效率的努力下，基因也隨之改變。有些則因爲生育環境的關係會出現例外，整體的影響因素十分複雜。

平地混合農業與火耕的「地力」差異

人類栽培穀物的歷史中，存在著合理與病態的不同面向。例如，穀物在栽種與變化中所發展出

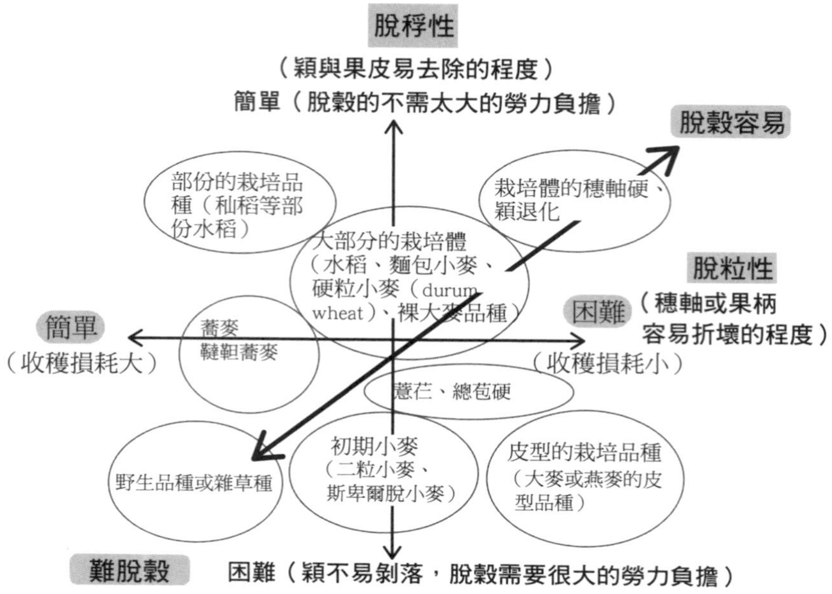

圖3-10　脫穀性的變化

的「以最小努力獲得最大利益法則」，以及世界各地在不同的環境條件下所發展出的傳統穀物栽培，都屬合理的部份。這裡我想做個比較，將溫帶且涼爽的歐洲所從事的種植、畜牧並行的混合農業，其所栽種的小麥，以及在完全相反的環境中、在熱帶山區傳統火耕方式所栽種的旱稻與小米等雜糧放在一起進行，比較種植的持續性以及每單位土地面積的生質能（圖3-11）。

土地的穀物持續生產力可透過土壤中的含碳量推估出大概，一般稱作「土地力」。土壤中的含氮量約爲含碳量的十分之一，和構成微生物菌體的蛋白質內碳與氮素的比例差不多。一般認爲，氮素的固定從中世紀以來就一直存在於混合農業中，主要仰賴家畜的糞便來固定。而在熱帶森林裡，氮素則是由與植物共生的菌類或居住在土壤中的小生物固定。

在溫帶的平原裡，持續將堆肥（正確的說法爲堆廄肥）投入到小麥田裡，約五十年時間土地中的含碳量即會達到上限，這片小麥田的生產力也達到掠奪式耕作方式的水準，意思是土地的生產量爲不使用堆肥農地的三倍。當土地達到此上限時，投入的碳與分解的碳量會達到平衡。連續五十年的堆肥投入，讓土地的碳投入量與分解、攜出量形成持續抗拮的體制。這就是溫帶平原田地上的穀物生產模式。

相對的，山地的火耕（輪耕）因爲樹木的生長速度快，連續八年間透過樹木等累積的碳現存量達到前述連續投入堆肥之溫帶田地相同的水準。砍倒樹木放火燃燒，讓累積的碳瞬間消失，礦物質也釋放到地表。山地地區的雨量較豐富，土地溫度較高，焚燒餘燼中的有機物分解速度也較快。山林成爲田地後，大量礦物質被雨水沖刷掉，然後又迅速地被作物或再生的樹木吸收。當土地的能量下滑，雜草與樹木逐漸繁茂，土地又重新開始累積碳。到此階段，農民就將土地廢耕，讓土地重新回復到森林的狀態。

溫帶地區的土地溫度較低，土壤中的有機物分解速度較慢，所以枯死的植物會以遺骸的形式保留在土壤中。另一方面，熱帶雨林的土地溫度高，濕度也高，因此土壤中的有機物會分解迅速，碳與礦物質只能存在活的植物體中。換言之，由於溫帶與熱帶的生產方法不同，形成了溫度

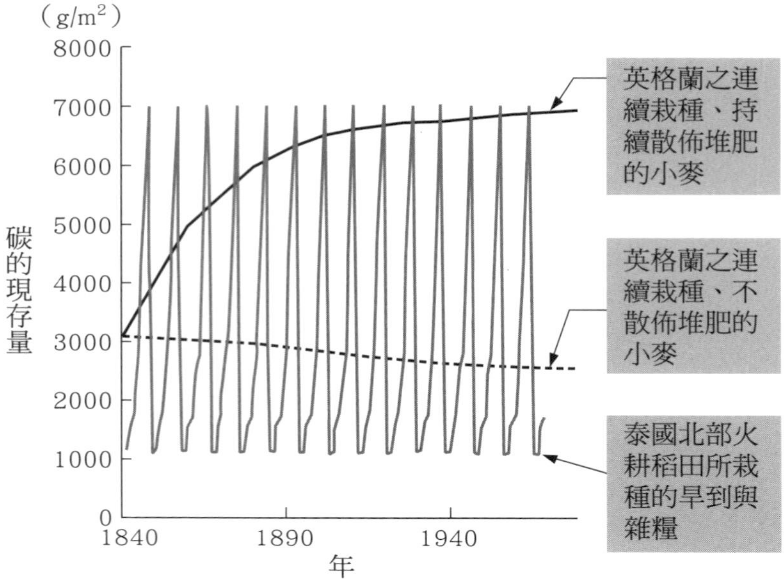

圖3-11　生產穀物時的生質能比較〔溫帶合併進行畜牧之農業：根據英格蘭Rothamsted長期農園試驗Jenkinson等人（1991）的資料試算。
熱帶的火耕：以地上物之乾燥重量的45%為碳、休耕8年2年耕作的比例計算。以焚燒後地下的殘存量為地上的16%計算，根據舟川晉也等人（1997）的生質能資料計算〕

與水份不同的生態系，碳的循環速度也不一樣。這兩者保存地力的場所不同，但是「每單位面積的碳保有量」在某一時期程度相當。

輪耕的生產力較低嗎？

在這項比較中，若單純從穀物產量的角度來看，輪耕在十年中只有兩年會生產作物，生產力看來似乎只有歐洲平原混合農業的五分之一。但是若看熱帶複合輪耕與森林之混農林業（Agroforestry）全體的植物生產力，兩者之間的差距就大幅縮小。輪耕在人口壓力升高，土地休閒的間隔縮短，單位面積的碳與礦物質的儲存量減少下，輪耕的農法也隨著消失。穀物的燒墾系統持續了幾千年的時間，但是在山地這種無法像熱帶一樣，能快速分解生物遺骸、也無法自由利用家畜工作的地方，由於人口密度低，欠缺足夠人力實施除草與病蟲害防治和施肥時，燒墾就是一個適當的耕種方式。

站在「花最小力氣獲得最大利益的原則」下，在山地利用燒墾方式種植小米、黍稷、蕎麥等小種子的雜糧十分合理。雜糧類只需燒墾不需耕作，只要把種子撒一撒就能生根長大。剛燒過的土地沒有雜草，也就不存在不同物種間的競爭，礦物質聚集在土地表面上對植物的生長極為有利。撒在粗糙地表的種子滾到溝裡停下後，種子立即長出根毛，利用豐沛的水分生根成長。這類小顆粒雜糧，不僅播種的作業不耗勞力，採收時只收成穗的部份，收穫後的搬運也很輕鬆。雜糧這類群生穀物開始為人類栽種以後，每一穗的尺寸雖然逐漸變大，但也變得難以脫粒。儘管如此，雜糧單一種子的尺寸本身依然很小，顯然人類並未選擇大粒種子的品種進行馴化。這情形顯示，小顆粒種子最適合粗放撒種的栽培方式，因此種子尺寸變化不大。而且這也是在「滿足人類需求」下的一種結果吧！

專欄　穀物名稱的意義

所有的穀物都需經過脫穀的作業。「穀」這個漢字，本身很清楚地表達了作物脫穀的必要性（圖3-12）。「穀」這個字的構造，說明了人的手握著仗，敲打保護禾本科果實（食用部位）的穎，進行脫穀作業。

即使在今天，依然可見到世界上有人拿著杖敲打，進行脫穀作業的情景。在語言學上，穀物與加工的關係密不可分。例如在英語或法語稱穀物爲millet，臼的英文是mill。也就是說經過磨碎食用的小穀物本身的名字與加工道具的名字，都出自於相同的字根。

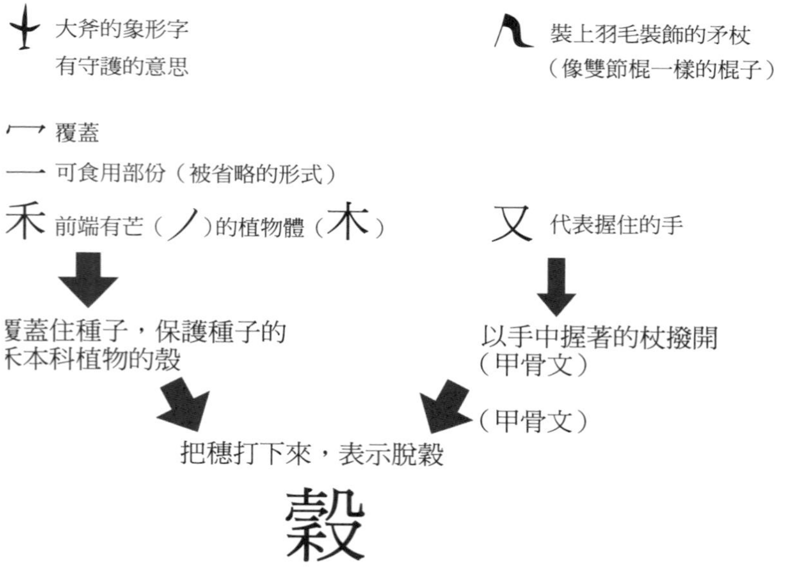

圖3-12　穀物的文字結構〔白川靜，新訂　字統（2004），根據平凡社的內容製圖〕

蕎麥是一個名字中帶有「書」字的珍貴穀物。蕎麥的英文名字稱作「buckwheat」，德語名爲「Buchweizen」，果實的形狀爲三角形，與山毛櫸科植物的果實（橡實）很像，因此蕎麥就被稱作是「會長出類似橡實、像小麥一樣的東西」。山毛櫸的英語名字是「beech，複數爲book（書）」，德語名稱爲「buch（書），複數是buchen」。「buch」是以山毛櫸的薄木片製作、以繩子串集成冊的書簡，（照片3－7，3－8）。

照片3-7　蕎麥卡莎（牛奶糊）

照片3-8　蕎麥（左）與可食用的歐洲橡實的果實（右）

第4章

雜糧與精白處理

4－1　五穀米與白米

什麼是五穀？

很多人都聽過「五穀豐饒」、「五穀米」這樣的辭彙。那麼辭彙中的五穀到底指的是什麼？五穀並不是把日本人熟悉的五種穀物併列在一起就叫五穀。從結論來看，五穀是將穀物的性質標示成符號，以符號呈現出東亞的世界觀（圖4－1）。但在說明這些以前，得先解說一下「氣」是什麼。

「氣」會形成象意（方位），是人類爲了解釋各種現象，試圖將顏色、空間的位置、時間的位置、人的行爲、身體器官、思想、昆蟲的發育階段、味道、聲音等世界分成五類所發展出來的理論。「氣」是解釋自然界的元素因子，它的定義包括相剋與相生等受因果、輪迴影響的成份。對東亞的許多民族而言，「氣」是很重要的分類群，這樣的分類與以碳或氮等化學元素所作的分類不同，是根據生活中的機能（作用）區別，是一種人爲的分類。這樣的分類方式包含了「保持身體溫暖」、「放涼」等作用的意涵在內，然後才被轉換成符號。

這套邏輯結合了誕生於中國春秋戰國時代的陰陽思想和五行思想形成。它是爲了解釋自然界

五穀	五方	五色	五行	日本的栽培地區	發祥地
	方位		氣的作用		
麥子	東	藍	木	關東平原	西南亞
高粱	南	紅	火	暖區	非洲
黍稷、小米	中央	黃	土	暖區	中亞～印度
米（白米） 大豆（白色）	西	白	金	平原、 西日本	東南亞
蕎麥	北	黑	水	山區、 北方	東南亞山區

註）在東亞的自然哲學中，認為隱藏在現象背後的「氣」會產生以下作用並巡迴，影響波及所有事務。

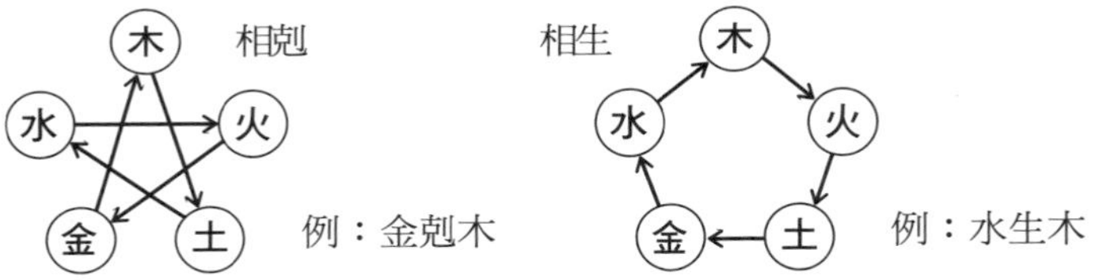

圖4-1　以人為方式將穀物依照陰陽五行分類

複雜現象的一門自然哲學，已經傳承了超過一千年的歷史。儘管在近代科學日漸普及下，「氣」的理論已經逐漸衰退，但是在各地依然傳承著其中所涵蓋的飲食思想，例如「飲食中應該攝取五種顏色的食物」等等。

不同的流傳故事與地方傳承讓「五穀」的內涵多少不同，這是因爲「氣」本身是一種人爲的分類的緣故。

陰陽五行的儀式之所以非常發達，其實和穀物有關。例如「白色」、「堅硬」、「圓形」屬於「金氣」，白米或白色大豆被用在咒術上。節分的撒豆儀式是爲了幫助節氣能順利進入屬「木氣」的春天，因此迎春的儀式是爲了討伐「木氣」的敵人「金氣」（參照圖4－1的相剋），從「剋殺金氣」的角度，按照陰陽五行的理論舉行儀式。儀式中，會將象徵「金氣」的白豆煎煮以後丟掉，也就是打擊拋棄金氣，召喚木氣以迎接春天，祈禱農作物順利生長。在正月，人們用力搗爛蒸熟的糯米製作許多麻糬食用，這也同樣屬於「剋殺金氣」的迎春咒術之一。

五穀各自帶有不同的「氣」，能相互產生能量，或者彼此抑制能量。這就是陰陽五行的基礎道理。均衡攝取五穀的概念也是源自於此，符合大自然的道理。

近年來雜糧越來越受矚目。除了拜近代營養學的知識普及之賜外，也緣自東亞這類思想潮流的影響。基於「最理想的做法是結合五種作用」的概念下，人類混合雜糧重新設計，包裝成為「五穀」的商品供人食用。五行的成份比例因地區而異，所以也沒有一套五穀原料的特定文獻。

什麼是創造「振奮心情」的糧食？

在人類定居於一地的生活中，在穀物的收穫與加工作業中，首先必須滿足人類「塡飽肚子」的生理本能。空腹會產生低血糖，此時大腦需要被「振奮」起來。這個需求啓動了人類尋找食物進食的本能。穀物的加工發展歷史正是爲了順應快速滿足動物基本生理需求，朝這個方向發展出來。

生理需求主要掌控在腦部下視丘食欲激素（orexin）控制的神經元，這裡也是所謂的「食慾中樞」，受腦部的作用影響。人類透過加熱、磨碎，去除食物中大量難以消化的穎（殼的部份），這

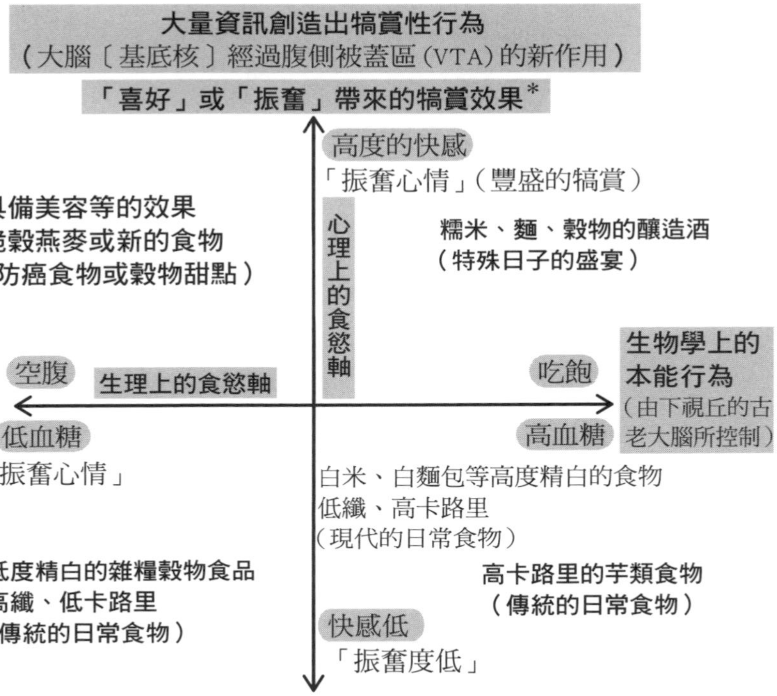

*「犒賞」是一種「因為飲食行為所引發、事情獲得『改善』的感覺」，這種感覺受多巴胺等的腦神經系統控制。屬於古老歷史的一種記憶。

圖4-2　穀物與飲食行為的關係概念圖

個步驟是穀物加工的起點，這個步驟源自人類的動物本能。不過，食用穀物這件事，不能單從「人類爲了攝取能量」這個「本能行爲」來解釋。

人類不單出自本能展開覓食，另外還存有第二種的心理需求。這種心理需求會積極地想方設法，創造出精神上的「振奮心情」（圖4-2）。人類會被罕見的加工方法或料理觸發「振奮」的情緒，這股振奮的感覺被稱作動物的「犒賞性行爲」。「犒賞性行爲」就像是大腦所設下的「餌」，爲了讓某些「行動、行爲」創造出食物「眞的獲得改善」的感覺，大腦所做的工。這個大腦的作用，讓人類對食物產生「喜好」或「快感」，在歷史上也明顯推動了穀物加工技術的發達。

人類的心理會不斷追求新的「改善體驗」，這樣的追求也隨著歷史變化。例如麻糬、麵、新的脆穀麥片都算是令人「振奮心情」的穀物食品。直到不久之前，白米、白麵包也被誇讚是具有高度「振奮力量」的食物。所以人類將食用白米、白麵包化爲日常生活的一部份歷史其實非常短。

4-2 精白造成的營養問題

精白處理讓營養價值銳減

穀物富含人類最重要的能量來源——澱粉，在穀物的果皮、種皮以及胚芽中，存在消化澱粉所需的豐富維他命B群。因此從代謝糖的角度來看，全麥、糙米等完整的穀粒其實在邏輯上非常合理。但是人類爲了易於入口，提高穀物的美味（促進「振奮心情」的效果），人類將稻米拿來精白。一旦經過精白處理，穀物的營養價值也就大大銳減（圖4-3）。當然精白程度的高低也會影響營養價值，過度的精白甚至讓維他命、礦物質類的營養成份減低到原來的五分之一。

麥類穀物爲度過地中海型夏季的乾燥，而擁有堅硬的外殼與堅硬的穀粒。爲了讓人類的腸胃可以消化，我們不得不將麥子脫殼後碾碎。麥粒越接近外殼的部位越硬，於是人類開發出麥子的加工技術，將碾碎的穀粉依序取出。近代發展出的精麥技術可說是穀物加工技術中最精密的一種，磨粉的方法較過去更爲複雜。近代採用輥筒式粉碎機碾碎麥子，之後過篩。然後再經過抽氣機，反覆幾次吸走麥子的外皮（吸皮機）。經過這幾道處理後再去除外皮與胚，取出胚乳。

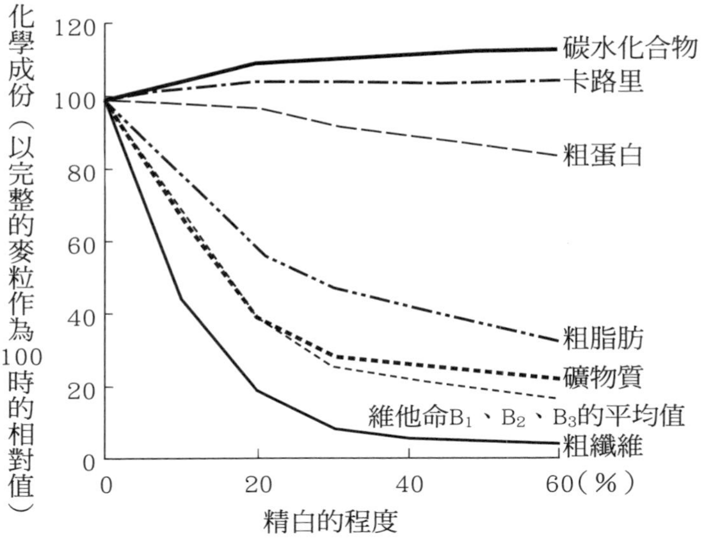

圖4-3　精麥對小麥麵粉之化學成份的影響

根據〔Technology of Cereals 3rd. ED. (1983)〕製圖

外皮的重量佔整粒小麥約百分之十三，由果皮與種皮、珠心層構成，其中含有麥子裡最豐富的纖維、蛋白質、礦物質。過度精製加工，會讓小麥麩皮（果皮與種皮部份）增加，而小麥粉中的粗纖維、維他命B群、礦物質、粗脂肪佔比減少（圖4-3）。製作麵包等的麵粉食品時，雖然白色的小麥粉較爲漂亮較受歡迎，但也喪失了大量的營養價值。換句話說，雪白的小麥粉是犧牲營養價值以換取心理上獲得「振奮心情」效果的食物。稻米、玉米、世界各地的穀物狀況都與小麥的情形類似。

依賴特定穀物帶來的健康問題

隨著人類越來越仰賴特定種類的穀物，也開始出現因爲穀物造成營養不均衡導致引發疾病的情形（圖4-4）。以稻米爲例，自繩文時代（譯註：日本舊石器時代末期至新石器時代）以後，日本的飲食文化從以雜糧耕種爲主軸逐漸發展爲以稻米爲中心，導致「腳氣病」發生。腳氣病主要出現在城市，甚至被稱作「江戶的疾病」，病患的人數也隨著精白米的日漸普及增加。一直到一九一〇年，在鈴木梅太郎（譯註：日本的植物生理化學家）的努力下才揭開腳氣病的肇因源自於維他命B_1缺乏。

以玉米爲主食的地區曾經發生過「糙皮病（pellagra）」，一直到一九〇七年在哥德柏格（譯註：Joseph Goldberger，流行病學家）的努力下，才確認糙皮病源自於營養失調問題，之後又經過一段時間後，才又進一步確定原因出自缺乏維他命B群造成。世界各地的人類在穀物增產的同時，也逐漸發展出集中食用某些特定穀物種類的習慣，因此造成疾病發生。諷刺的是，在這樣營養失調導致疾病發生的同時，也促進了近代營養學的發展進步。

穀物種類	疾病名稱	飲食習慣	症狀	原因	時代
稻米	腳氣病	集中食用精白米	神經系統症狀、心臟疾病	缺乏維他命 B1	十七世紀以後的日本
玉米	糙皮病	集中食用玉米	腦炎、皮膚紅斑、消化不良、口腔潰爛	缺乏菸鹼酸（維他命 B_3）	近代的美國南部貧民階級與義大利
小麥	乳糜瀉	大量攝取麥類食品	腸壁變形、消化不良	麩質過敏、免疫缺乏	近代的先進國家
小麥	過敏性休克（Anaphylaxis）	大量攝取麥類食品	呼吸衰竭、腦炎等	蛋白質過敏、免疫缺乏	近代的先進國家
蕎麥	過敏性休克	低溫加熱食品	呼吸衰竭、腦炎等	蛋白質過敏、免疫缺乏	近代的日本
遭黴菌污染的穀物	癌症	保存方法	DNA 合成問題等	黴菌產生的毒素（真菌毒素）	始於史前
裸麥	食物中毒	保存、製粉的方法	神經系統症狀、血液循環阻礙、流產	麥角菌產生的生物鹼等的毒素	中世的歐洲

圖4-4　與穀物關係密切的疾病

雖然人類享受穀物帶來的好處遠自於史前即開始，但人類必須明白集中食用固定穀物會造成多種疾病發生的情況。這類疾病大部分會伴隨著神經系統的問題，也會造成人類社會的精神問題。在現代歐洲等的先進國家，越來越多人因爲過量攝取小麥食品造成過敏或腸炎（乳糜瀉（celiac disease））的疾病發生，目前在日本這類病例也逐漸增加。日本雖然存在著蕎麥過敏的問題，但因爲蕎麥類穀物所含的蛋白質不太需要加熱即可食用，也容易會造成疾病的發生。

食品引發的過敏，分爲食用後

立即發病的急性I型過敏，以及食用經過數小時後才發病的非I型過敏。引發I型過敏的原因很多，包括過敏原的蛋白質未經加熱、破壞，以及過度頻繁食用、高分子過敏原可輕易穿過腸壁、消化能力差等等，大多是因爲飲食習慣等社會性因素造成。現代的東非居民喜好食用白色玉米，結果導致嚴重的維他命A缺乏發生。這項病因不僅源於熱帶莽原氣候的環境因素，更大的原因來自於社會心理因素。換句話說，越來越多東非人民認爲白色玉米更爲高級，具有食物改善效果，這樣的心理投射結果。

4-3 雜糧是否有益身體健康？

「長壽村」的飲食特色

當我們聽到傳統飲食習慣這個詞時，腦中出現的經常是「有益身體健康」的印象。不過，這個印象是否符合事實？

所謂的「傳統飲食」其實會隨著時代改變而不斷變化，絕非是一成不變的形式。日本人的飲食習慣在明治時代（譯註：一八六八年十月二十三日～一九一二年七月三十日）以後出現劇烈轉變。尤其是對小米（照片4－1）、蕎麥、稗子（照片4－2）、黍稷這類雜糧，攝取量銳減，大部分的日本人改以稻米爲主食。這樣的現象也反映在雜糧的生產上（圖4－5）。一八九〇年日本的稻米嚴重歉收，話雖如此，長期來看稻米的產量依然持續增加。原來適合栽種在低溫地區的稗子與蕎麥，以及適合在溫暖地區、乾燥地帶栽培的小米、黍稷，在日本各地則愈來愈少種植。

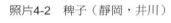

自江戶末期以後，日本的工商業愈來愈發達，人民的消費能力提高，不再需要爲了自用而種植雜糧。同時，明治政府修改了課稅制度，地價依土地生產力決定，稅額也因此隨著改變。雜糧的收穫量不大，價格便宜。因此在有限的土地面積上農民傾向栽種市場價值較高的作物，或者是生產量大且價格較高的水稻。這就是導致雜糧種植減少的原因。

照片4-1　小米（德島，西祖谷）

照片4-2　稗子（靜岡，井川）

日本東北大學的近藤正二醫師曾經在日本各地，就二戰前與二戰後的近代穀物與飲食習慣劇烈變化的情形進行了詳細的實況調查。調查結果顯示，日本有些村落因爲偏食的習慣成爲短命村，相對地，也有「長壽村」存在，村民經

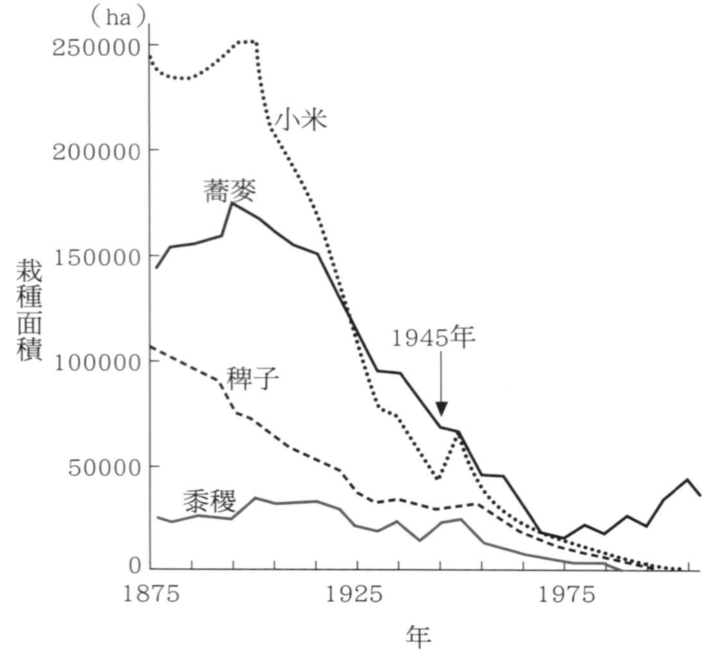

圖4-5 近代小米、稗子、黍稷、蕎麥的生產變動〔根據日本農林省與農林水產生統計部等的數據製圖〕

常食用雜糧、豆類、海藻。日本岩手大學的鷹觜テル醫師延續了這項調查，他發現在長壽地區，居民有食用「麥類、雜糧以及蔬菜」的習慣，因此他也將長壽飲食稱做「穀菜食」（圖4-6）。

在這項調查中清楚顯示了一個事實，愈來愈普及的精白稻米與小麥食品會導致人民營養狀態惡化。稻米與小麥中原本含有豐富的維他命E、B_1、B_6，但是精白度愈高，這些營養成份損耗的程度也愈高。而且主食的營養價也連帶影響到整體的營養攝取狀況。

膳食纖維的含有率高

透過長壽村的飲食分析，我們得知

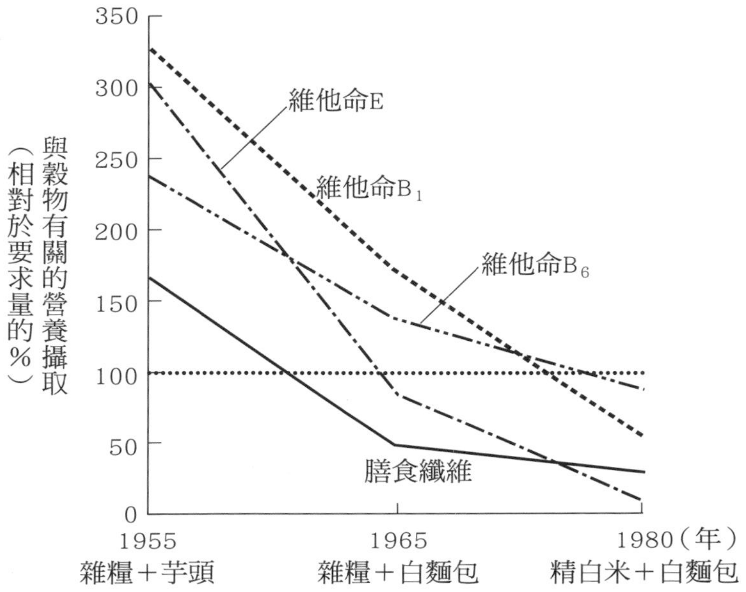

圖4-6　「長壽村」椈原村的主食變化與營養的狀態〔根據鷹觜テル醫師的數據（1996）製圖〕

長壽村居民的飲食除了維他命外，在維護健康上膳食纖維的攝取也很重要。膳食纖維分爲水溶性與不溶性，在長壽地區的居民，他們攝取了大量的大麥（照片4－3）與蒟蒻等富含水溶性纖維的食品。水溶性纖維中含有豐富的β葡聚糖等的多醣類。

大麥中含有纖維素等豐富的不溶性膳食纖維。大麥因爲存在不溶性纖維，因此能耐水分變動帶來的壓力。稻米遇到缺水乾燥的狀況時，胚乳很容易就會裂開，但是麥類植物早已適應了地中海型氣候夏季乾燥、冬季潮濕的環境，穀粒即使遭遇乾燥或結凍也不容易碎裂。大麥是栽種於最乾燥環境中的一種麥子品種，生長環境對穀粒的物理性質、化學性質以及決定生物學特性的基因影響極大。

照片4-3　六條大麥（長野，須坂）

照片4-4　穇子（長野，上村）

不同的穀物種類，其所含的膳食纖維比率大不相同（圖4-7）。在這個比較圖中，可見到除了稻米外，所有穀物的膳食纖維含量都很豐富。尤其是小米、穇子（**Finger millet**）（照片4-4）、鴨姆草、玉米這類具有高度耐乾燥的植物都含有豐富的纖維。其次在裸麥、藜麥、燕麥、小麥這些耐寒性品種中也含有許多纖維。這些植物顯示，穀物透過增加纖維含量以便從物理性質的角度保護本身，加強自己對乾燥或寒冷的抗性。

圖中的鴨姆草（*Paspalum scrobiculatum*）與日本的雜草麻雀稗十分相似，是生長在印度貧瘠土地上的禾本科雜糧之一。鴨姆草和小米、穇子一樣，果實顆粒體積迷你，但儘管如此，這類雜糧也是營養豐富的食品。

不溶性膳食纖維最大的功用就是整腸效果。今天，水溶性纖維含量豐富的雜糧再度受到矚目，就是因爲這類雜糧具有降低過敏化作用的效用。攝取到體內的水溶性纖維會保護消化道等黏膜表

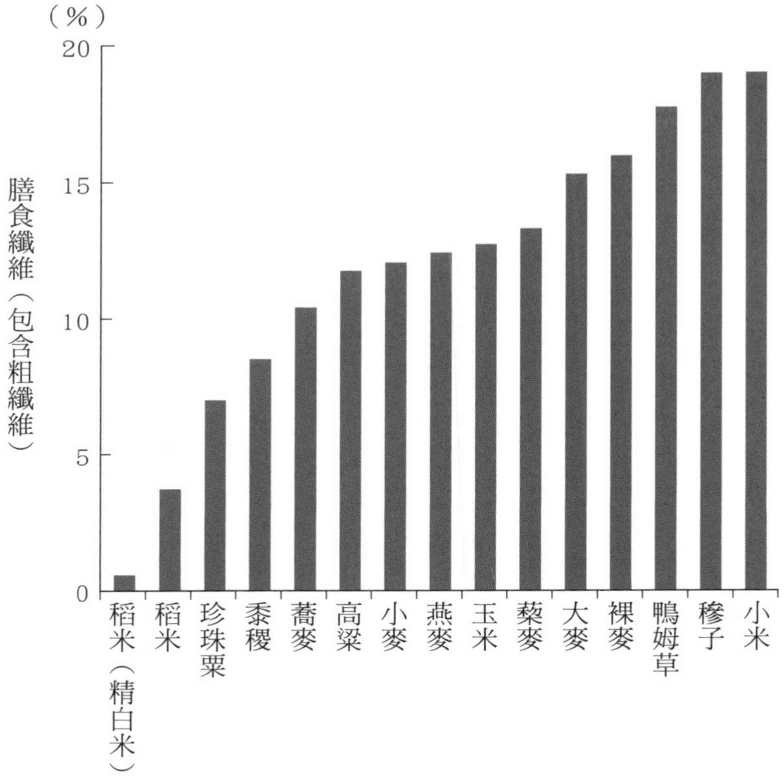

圖4-7　穀物的膳食纖維。只要經過精白加工，所有穀物的膳食纖維都會減少10～3%〔以Devi等（2011）的研究為基礎，加上井上的蕎麥研究、Pseudocereals（2002）的蕎麥研究製圖〕

面，增加具有局部免疫作用的IgA抗體的產生。IgA抗體是人體分泌量最多的免疫球蛋白的一種，大部分是以分泌型IgA的形態存在，分佈在黏膜的表面上。腸壁黏膜上被IgA抗體覆蓋時，就能防止過敏原入侵腸道，能預防過敏發作。

水溶性纖維中的果膠、葡甘露聚醣（Glucomannan）、瓜爾膠（Guar Gum）也具有相同效果。這些水溶性纖維是腸內微生物的能量，促進腸內微生物活化。

免疫調節作用

雜糧另一項備受期待的效果是免疫調節作用，尤其是大麥所富含的β葡聚糖與免疫調節有著密切關係。在出芽酵母（正確名稱爲*Saccharomyces cerevisiae*：釀酒酵母）這種酵母菌的細胞壁以及蕈類中，都含有這種對人體親和性很高的膳食纖維，是日常飲食中經常接觸得到的物質。β葡聚糖在進入人體消化道後，人體的免疫細胞會將其視爲是異物（非宿主），白血球中一種具有抗原呈現（antigen- presenting）機能的巨噬細胞在受到刺激就會配合抗原分泌1型輔助T細胞（Th_1），強化細胞性免疫。

另一方面，當二型輔助T細胞（Th_2）一減少，體液性免疫就會降低，抑制IgE抗體的分泌量。當IgE被抑制，身體狀態就不易發生急性過敏，也就是不易出現I型過敏的情形。透過改變免疫系統的平衡狀態，就能緩和鼻炎、食物或環境刺激造成的過敏以及異位性皮膚炎、氣喘等症狀。

當1型輔助T細胞（Th_1）的細胞性免疫增強，就會活化自然殺手細胞與殺手T細胞，因此能提高對人體腫瘤細胞的攻擊力道。不過雜糧與長壽的關係，其機制依然存在大量的謎團。

太常見反而忽略了重要性

適應了地中海型氣候的麥類都很堅硬，所以需經過粉碎加工，然後添加耐乾燥的麵包酵母與小麥混合才能製作成麵包。另外，啤酒酵母加上大麥也能製造啤酒。在人類漫長的歷史中，酵母菌等常用的食用菌以及大麥都含有β葡聚糖，顯示即使系統相異，進化的過程不同，但是對氣候的適應形式很類似。而且氣候、穀物、發酵、食品的關係會產生相同趨勢並非出於偶然。

一九九六年鷹觜テル醫師對長壽村的研究中，已經提出大麥等雜糧對增進健康的有效性，但是人就是「太常見反而忽略了重要性」不知加以運用。由大麥、雜糧、芋頭、發酵食品等構成的傳統「和食」可延年益壽，這對全球的人類而言也是重要的發現。

後來，透過世界各地對飲食習慣的研究比較，確認了乳酸菌的作用，也讓乳酸菌備受矚目，接二連三地開發出新的乳酸菌食品。我們現在已經明白，含有大量人體不易消化成份的雜糧、被視爲老套可笑的傳統發酵食品的酵母、乳酸菌都具有意想不到的效果。關於免疫與腸內微生物的研究目前已經發展成一門顯學。

穀物之所以有益美容的原因

一般觀念認爲穀物，尤其是雜糧對美容有益。因爲穀物的米糠與小麥麩皮（外皮）部份含有能去除活性氧的物質，有助於人體的抗老化。

穀物栽種於乾燥或陽光強烈的環境中，植物體內所生成的活性氧很容易因爲光合作用或好氧呼吸消耗。在植物體中，葉子的葉綠體（Chloroplast）與線粒體都很容易產生活性氧。植物體的細胞很容易受活性氧氧化破壞，因此植物體中必須具備能迅速消除活性氧的機構因應。

活性氧是一種很容易產生化學反應的氧的類型，超氧化物、氫氧自由基、過氧化氫、單重態氧（singlet oxygen）都是常見的活性氧。在強光照射下進行光合作用的過程中，因好氧呼吸的關係，氧在還原爲水的過程就產生了活性氧。換言之，在重要的代謝過程中活性氧是必然的產物。空氣乾燥時植物會關閉葉片的氣孔，在氧的分壓上升或好氧呼吸的過程當中，水分不足會阻礙代謝進行，因而容易生成活性氧。在強烈日照下出現的「葉燒（日燒）」情形，也是因爲活性氧造成的生理問題。消除穀物的活性氧，主要仰賴維他命E或多酚、葉黃素類的非酵素物質，以及超氧化物歧化酶（Superoxide dismutase, SOD）、過氧化氫酶（catalase）等活性氧消除酵素。

筆者在調查研究越南北部山區的赫蒙族時發現，赫蒙族會食用小米稀飯或穇子粥以預防兒童皮膚炎，或是治療成人的皮膚炎。即使居住在種植水稻的地區，赫蒙族的女性們爲了雜糧的治療效果，仍然努力栽種雜糧。小米含有豐富的泛酸，是知名的「防日晒」食物。

穇子之所以受到重視，應該是人類親身感受到來自穇子中銅與鋅的力量。銅與鋅是穀物合成超氧化物歧化酶（Cu- Zn型SOD）的必要礦物質。食用穇子後，人體會合成ＳＯＤ，在人類生理

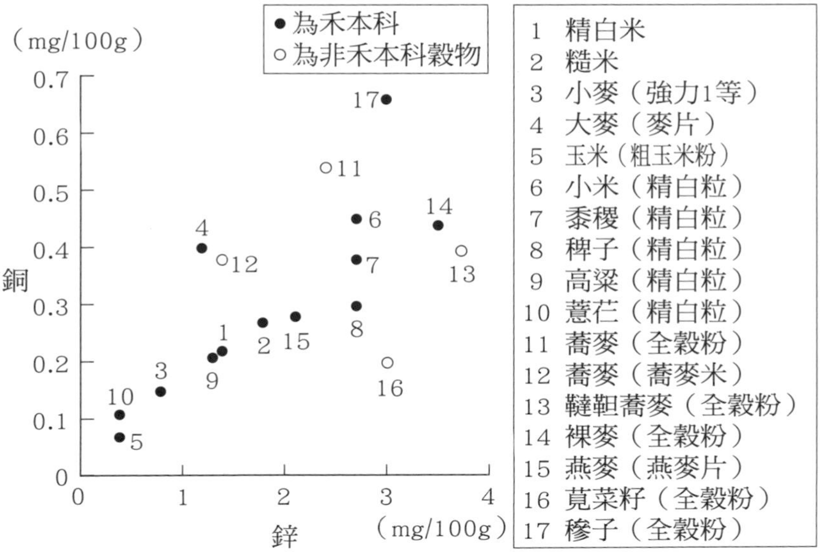

圖4-8　超氧化物歧化酶，合成Cu、Zn型SOD所需的礦物質。（日本市面上銷售的製品，未在市面銷售的穀物都製成了全穀粉）

上具有意義。人體皮膚中分佈有大量的鋅，這應該與皮膚的代謝作用關係密切。

圖4-8的一覽表中，羅列出這些穀物的全穀粉（穀粒去殼後整個碾碎而成的粉），以及日本市面上銷售的主要穀物。適合在日照強烈、乾燥地區栽種的穇子（17）與小米（6）、屬於高地栽種的雜糧蕎麥（11）與韃靼蕎麥（13），以及莧菜籽（16），都含有豐富的礦物質，礦物質也是爲了適應日照環境的必要物質。

除此之外，在日本的奈良縣、千葉縣以及非洲，都有類似越南北部山區赫蒙族這類的智慧傳承案例。這些傳承，應該是各民族對共通的穀物的一種「身體上」智慧。

專欄 日本保留下來的眾多雜糧文化

從日本戰國時代（譯註：始於一四六七年，持續約一百五十多年）起，日本人開始測量田地，也有愈來愈多的人在繳交年貢時使用稻米，這樣的行爲讓稻米的地位勝過其他作物，顯得特別。到了江戶時代，幕藩制度的財政惡化，租稅負擔比率升高，更凸顯出稻米栽種的重要性。

日本除了稻米外，常見的穀物還有小米、黍稷、稗子（照片4－5）。這些常見穀物大多是專爲自用而栽種，地位不若稻米重要。但在近世的江戶時代末期，這些常見的穀物也被作爲商品販賣，只是這些穀物被認爲是一種「貧窮」的象徵，並未受到重視。稻米以外的作物合稱爲「雜糧」，這個名詞是近世發展出的名稱。

二戰以後，雜糧的栽種數量減少，統計也做得馬馬虎虎，最後連玉米都被列入雜糧處理。不過只有在繳納租稅與商品銷售上，雜糧的價值地位較爲低賤，在作爲糧食使用時，雜糧的價值與稻米並駕齊驅。

近代以前的日本，除種植稻米、小麥、玉米外，也栽種了各種穀物。日本的地形不僅南北綿延距離很長，連海拔的高度也差距很大，地形複雜。在中部山區，農耕地的海拔標高最大差距一千七百公尺，氣溫相差高達一〇℃。這樣的溫度差距等於水平方向移動、北上兩千公里距離的溫度差異。兩千公里的距離已經超過福岡～札幌的距離了。垂直移動的溫度差異比水平移動距離產生的溫度差還大，這樣的環境也創造了日本栽種品種的多樣性。

小米、黍稷適應歐亞地區的高溫、乾燥地帶，玉米與穇子源自非洲，適應了潮溼環境的薏苡發祥地在東南亞，稗子、蕎麥、燕麥、裸麥適應氣候寒冷的地區，大麥可栽種在乾燥地區，這些穀物從古至今未曾消失，依然存在。特別是交通不便的地區，地理上的隔離也成了打造品種保存庫的助力，在深山的農村裡仍然保留著各種雜糧以及相關的傳統文化。

例如，南亞的休耕燒墾農業，或者是東非莽原上將雜木與雜草集中焚燒以後栽種雜糧的Citemene農耕法，都極爲類似。除此以外，南亞也有同樣的移植栽種法存在。在傳統的穀物保存方式上，可見到有半熟（parboiled）法，以及可能是古代流傳下來的穀物加工法「炒麵粉（香煎）」法。

日本各地雖然爲數稀少，但至今仍可見到古老的雜糧文化。

近來常可見到「五穀米」、「十六穀米」這類商品名

照片4-5　小米的穎花（長野，榮村）。從穎花下方長出芒，這一點和稗子很不一樣。

稱。這些產品是混合各種穀物，創造新的「美味口感」與「營養價值」。主要所含材料有糙米、小麥、大麥、薏苡、小米、稗子、黍稷、高粱、大豆、黑豆、紅豆、綠豆、玉米、蕎麥、黑芝麻、白芝麻、莧菜籽、藜麥等等。同樣是稻米，還有分糯性品種、黑米、紅米、紫米、綠米等等的彩色米、香米等，素材的特性各有千秋。因此這類商品所訴求的效果不侷限於防癌。

如前文所述，「五穀米」的「五」是源自於中國陰陽五行理論的靈性數字。在日本也有關於食物起源的神話（《死體化生說話》），傳說五穀是從「大宜都比賣神」的屍體中誕生，類似的傳說在東亞各地也多有聞。

另外「十六穀米」的「十六」與陰陽五行無關，名稱的來源可能源自印度在紀元前一千年開始編纂的四大聖典，其中的古代經文典籍《阿闥婆吠陀（Atharva- Veda）》。「吠陀」是「知識」的意思，包含了數學、醫學、宗教等等。近年的研究發現，《阿闥婆吠陀》中包含了解決數字問題的十六個經文「sūtra（定理）」，引起廣大關注。另外，古代的醫學典籍《阿育吠陀》也衍生自《阿闥婆吠陀》，典籍中包含了十六類的身體淨化法與治療方法。

這些古代的思想，不僅影響佛教，影響力顯然也延續到現代社會。

第5章

粉與麵

5－1　蕎麥的果實為什麼必須製成蕎麥麵食用？

速食食品的先鋒

蕎麥的果皮（一般稱爲外皮或蕎麥殼）既堅硬又難以剝除，但是內部相對柔軟且易碎。因此，蕎麥是一種必須製粉以後才能使用的穀物。

我們看看蕎麥內部的構造。若把蕎麥果實縱切開來，可以看到子葉（雙葉的部份）呈S形重疊在一起，中心還有胚軸。果實的周圍爲胚乳，向內朝中心呈柱狀紋路排列，其內緊實塞滿了澱粉粒（圖5－1）。這整個構造被種皮包覆在內（一般稱作內皮或甘皮）。

果皮的結構幾乎都由堅硬的纖維所構成，但其內爲柔軟的蛋白質與澱粉，若由外往內施力，最易碎的胚乳會率先粉碎。在近代的機械製粉出現以前，製粉時主要使用碾臼碾碎蕎麥果實。碎粉中含有許多果皮部份，讓整個蕎麥粉看起來是茶色的粗粒。經過過篩分類，蕎麥碎粒會被區分成含子葉與種皮部份較多的部份，以及含蛋白質較多的軟質粉末部份，製麵時，可製作出延展性良好，帶有香氣的蕎麥麵。

蕎麥麵是江戶時代外食產業的速食，人氣鼎盛。因爲蕎麥麵充分符合（一）作物、（二）氣

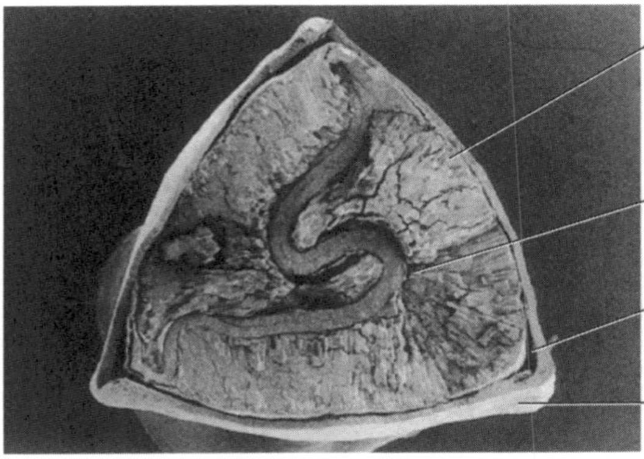
在低溫、低日照下胚乳的澱粉不易累積
子葉在低溫下會長得豐滿
蛋白質豐富
種皮（甘皮）
蛋白質豐富
果皮（蕎麥殼）
纖維豐富

圖5-1　蕎麥的果實（種子）的斷面圖〔電子顯微鏡：松本齒科大學　赤羽章司拍攝〕

候、（三）運送、（四）加工、（五）消費者的生活形態、（六）流行（振奮心情的喜好因子）的條件需求。

關於（一）作物，蕎麥很適合製粉使用。蕎麥雖然無法進行精白處理，但是所含的營養素均衡，容易消化，甚至生食都沒問題。將蕎麥加水攪拌加熱的烹調法在非洲大陸稱作烏嘎里（Ugali）或希瑪（nshima），在世界各地都屬常見的烹調方式。大部分的穀物只要磨粉，就能作爲速食的素材，但是蕎麥只要把生的材料再稍微加點工即可上桌，這是蕎麥最大的優點，也是特色。

關於（二）產地的氣候，蕎麥適合在低溫、低日照條件下栽培，愈接近前述條件，所栽種出的蕎麥氣味愈芳香，愈能製造出「良質蕎麥粉」，而且容易製作成麵條。信州這個地方恰恰具備了種植蕎麥所需的各種環境條件。稻米是在高溫、多濕、日照愈是豐沛的地點愈能栽培出良質稻米，蕎麥則完全相反。這個結論是日本在全國兩百一十個地點，栽培

照片5-1　人工收割的蕎麥風味特佳

相同品種進行試驗，最後分析成份與氣候的關係所得出的結果。

蕎麥果實在低溫下會放緩生長速度，果皮與種皮以及子葉會長得比較肥厚。在信州這種容易起霧的高冷地區，日照較弱，澱粉累積的量較不飽和，在圖5－1所示的中心部位空隙容易變大。穀物的種子承襲著歷代祖先的DNA，能夠克服不適合成長的寒冷期與乾燥期。蕎麥在生長時，首先會完成含DNA在內的胚軸種子部位的成長，這是蕎麥最重要的組織。行有餘力後，即開始在胚乳中充填澱粉，作爲下一代在發育到獨立營養成長以前的能量。因此，在低溫地帶成長的蕎麥粒，其化學成份中含有大量的蛋白質，澱粉含量相對較少，這種成份比例讓蕎麥粒的性質偏向「軟質」。即使是相同品種，低溫地帶栽種出的蕎麥「麵糰」延展性較佳，香氣濃郁，非常適合製麵（照片5－1）。

蕎麥果實的頭端有一層離層，這層離層有助於脫粒。以人工採收蕎麥時，會在蕎麥完全成熟以前收割，曬乾以後再脫穀（照片5－1）。所以蕎麥往往無法完全成熟，以這種成熟度的蕎麥製成的蕎麥粉澱粉含量少，風味尤佳。

有關（三）運送，指的是栽種地與消費地運輸距離的長短。信州位於內陸，但運輸工具不只可利用馬，還能透過富士川等的河川，以船運方式運送到江戶（東京），降低許多運送的成本。關於（四）加工，在日本以人力和水利碾碎的「碾臼」非常普遍，因此可大量生產蕎麥粉。

關於（五）消費者的生活形態，蕎麥麵是一種完全符合消費者生活形態的食物。江戶是世界上數一數二的大城市，充斥著木造建築，也有大量爲了城市建設工作忙碌的「職人」。根據歷史的記錄顯示，這類行業的人們大多來自江戶以外的地區，工作極端忙碌。這也影響到現代以前，職人一直維持著「不完全坐下，而是支著一條腿半蹲坐地狼吞虎嚥進食」的用餐習慣。蕎麥在短時間就能煮熟，淋上湯汁立即送上桌，而且也能在小路邊攤和小店裡供餐。對於忙碌的人們而言，蕎麥麵是劃時代的產物，這樣的進食習慣流傳到現代，成爲「立食蕎麥屋（譯註：無座椅站立用餐的麵店）」的前身。

（六）流行（振奮心情的喜好因子）。碳水化合物的供應來源來自穀物餐點，但是塡飽肚子只滿足了人的生理，未必能滿足心理。能振奮心情的食物其實也是能超越歷代傳承、歷史記憶的食物。因此，江戶的「蕎麥麵」成爲鄉下慶賀宴席的要角（稀少性、重要慶典），而且蕎麥麵來自孕育傳統文化的「上方（京都、大阪）」地區，從傳統的發源地傳播到江戶（東京），也存在流行食物的時尙意涵，完全符合創造心理滿足感的條件。即使在現代，所謂的創作拉麵，其背後也可窺見同樣的心理要素。

蕎麥與麻糬

在日本的中部山區以及關東的丘陵地帶，由於低溫與水源缺乏，因此水稻的種植不普遍。這個狀況也造成這個地區有「新年沒有麻糬」的風俗（譯註：日本人過年有吃麻糬的習慣），在元旦不吃麻糬，改以蕎麥麵或烏龍麵作爲節慶的食物。對當地的居民而言，迎接元旦這類重要節日特別製作的食物就是麵食。

這樣的麵食對離鄉工作的人而言，也代表一種「故鄉的滋味」。迎接節日的食物也同時代表家鄉的味道，於是在心理上就能產生「振奮心情」的效果。除了蕎麥麵或烏龍麵外，再搭配從「上方（京都、大阪）」地區傳來的時髦「醬油」，新滋味搭配傳統麵食成爲嶄新的組合，這讓蕎麥麵或烏龍麵更成爲「振奮心情」的食物。

製作烏龍麵的原料小麥含有麩質，具有黏性因而方便製麵，但是蕎麥則不然。江戶時代的「蕎麥職人」透過技術的運用，彌補了蕎麥不適合製麵的缺點。如此一來，蕎麥就成了近世江戶外食產業的速食先驅，大大流行開來，也讓「信州蕎麥」成了一個品牌。

談一個題外話，即使只是常見的穀物食品，研究時也須涉及生物學特徵、氣候、食品的物性等自然科學領域的部份，以及市場、社會、喜好等等人文科學領域的因素，必須綜合這兩者，站在「融合文理科學」的角度來看。蕎麥就是一個清楚的例子。

霧下蕎麥與世界各地的蕎麥

信州蕎麥在近世末期的江戶被稱作「霧下蕎麥」，這個名聲也逐漸打開。「霧下蕎麥」的稱呼與蕎麥發展出能適應高冷地區環境的生理生態特性有很大的關係。

蕎麥的基因源自中國四川省與雲南省的交界處。這個地區多雲且陰涼，蕎麥也適應了這樣的氣候。經過一萬年的作物栽培歷史，蕎麥一直維持其植物對光線、溫度、土壤等的環境應答，沒有改變。近世末期的信州蕎麥之所以得到「霧下蕎麥」的稱呼，是因為蕎麥適合栽種在日本多霧高冷的地區。光是「霧下蕎麥」四個字就能呈現出栽種環境的特色，以及所孕育出的優質蕎麥，這項命名實在非常精妙。

另一方面，中國有個成語叫「蜀犬吠日」，意思是「四川多雲霧，偶而太陽破雲而出，不常見到太陽的蜀犬，竟受驚嚇而向日狂吠」。這個成語也被轉用來形容人「沒見過世面」，但透過這個成語，的確能一窺蕎麥起源地「蜀」的氣候環境。

蕎麥不是專屬於日本的食物。圖5-2呈現的是世界各地蕎麥的加工與使用方法的系統圖。其中像日本的「淋醬麵」或「沾醬麵」，以「麵條」形態食用的蕎麥屬少數派，在世界各地，日本式的蕎麥料理屬於以最複雜加工方式製作的食品。從製造方法的分類來看穀物的歷史也很重要，世界各地的蕎麥加工（一次加工）與烹煮方法（二次加工）其實與小麥等其他的穀物有許多共通之處。

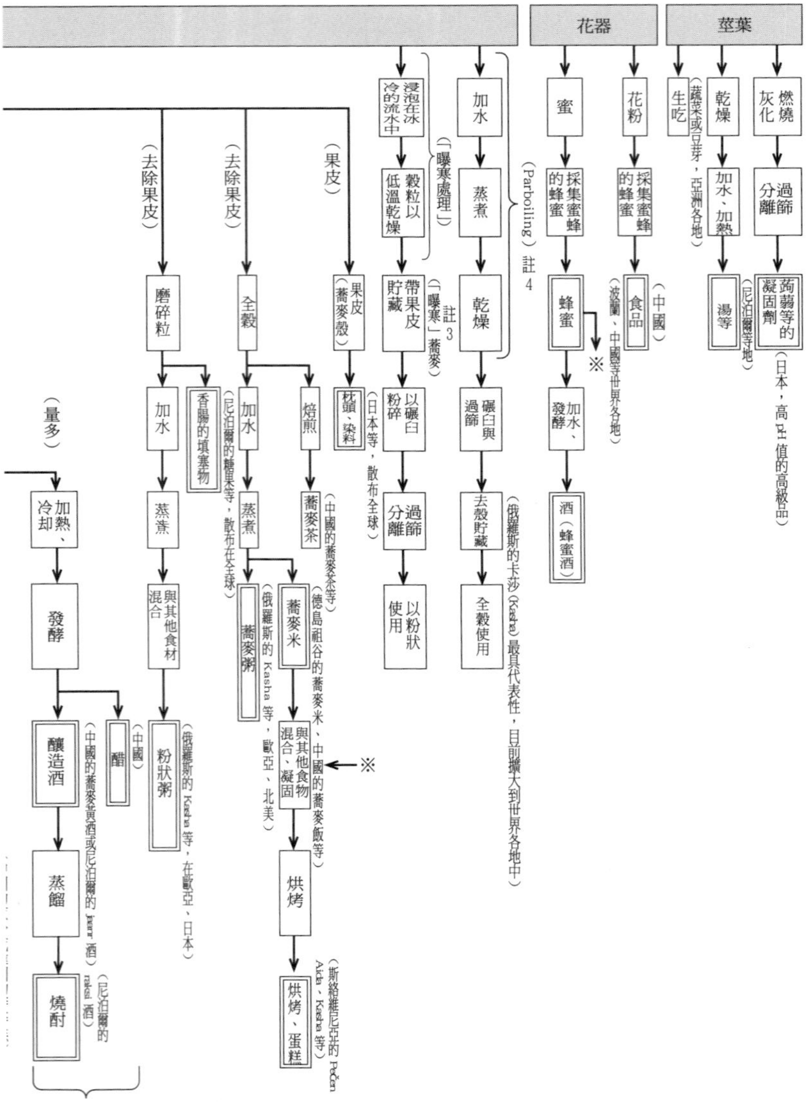

註1：在山區的宗教（天台密教）修行時，或尼泊爾的隨身餐飲的案例。

註2：鬆餅、美式鬆餅等都同屬以鐵板等（平底鍋）煎烤的料理，派則是以烤箱烘烤的料理。

註3：日本寒冷地區特有的穀物保存法，能減少蟲害發生，保持風味，營養價值也較高。

註4：Parboiling，適合穀物的一種保存方法，分佈在歐亞地區、熱帶。處理後不易發生蟲害、不易發霉，營養價值高。全穀不易破碎，烹調也更方便。

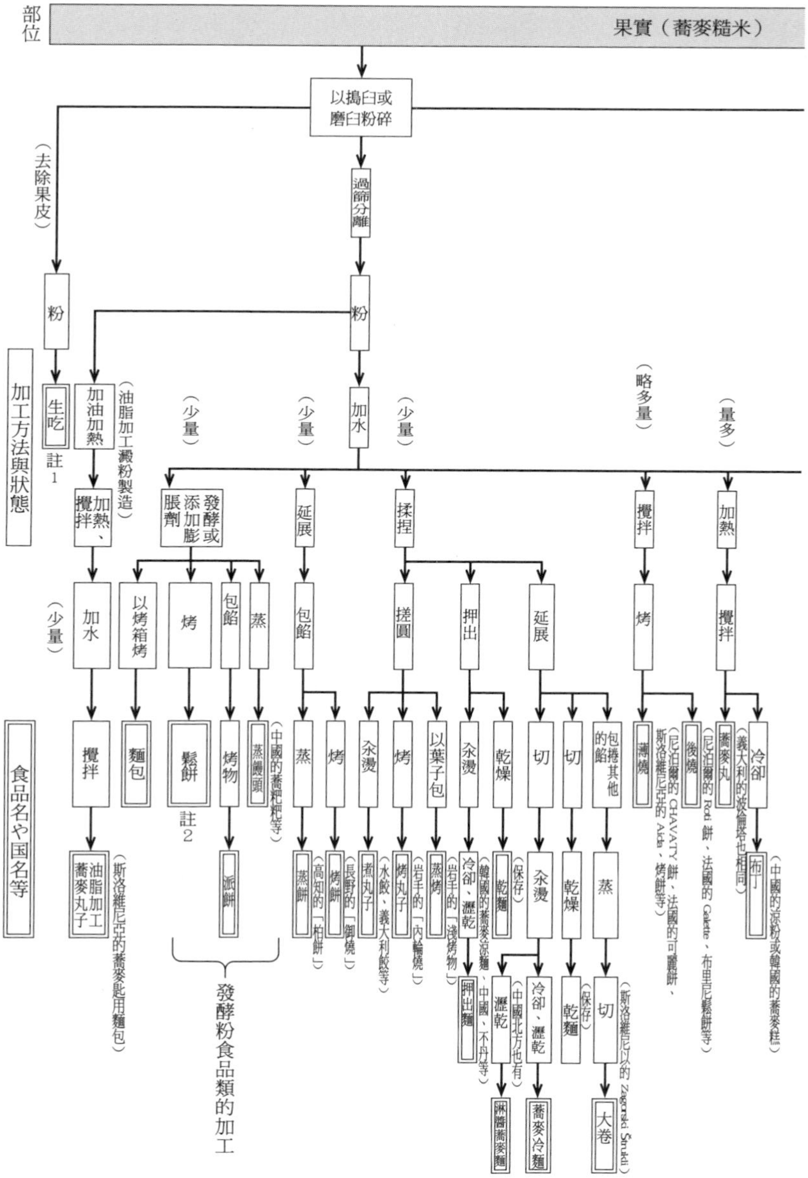

圖5-2　蕎麥的加工、使用方法

不過，蕎麥的多樣性較其他穀物更爲廣泛。從生食、曝寒處理（譯註：將胚芽蕎麥浸泡在冰冷的清流中浸泡約兩週，撈起後再經過日晒與寒風乾燥約1個月的處理）、半熟（parboiled）處理、油脂加工法，到與穀粒部位無關的蜜蜂使用以及莖葉部位灰化的利用等等，利用方法非常多元。這些類型的加工方法大部分日本都有。例如在日本的山區，至今仍然保存著源自其他地區的食用習慣。蕎麥之所以充滿多樣性，是因爲在發展的歷史過程中，蕎麥打破了寒冷地區無法栽種其他作物的阻礙，成功生長在寒冷地區，故而受到歐亞山區以及北方民族所運用。

5-2 決定喜好與口感的要素

決定穀物喜好的關鍵

前文介紹過，人類對於食物的需求，一是出自於生存本能的生理需求，二是基於追求新穎性，追求一種「振奮心情」的喜好。充滿在穀物中的澱粉儘管能滿足人類生理上的本能需求，但卻未必能完全滿足心理上的喜好。穀物大部分的成份是澱粉，澱粉在「口味」、「氣味」與「視覺」上無法創造太多變化。人類之所以努力消除這種「單調」，就是出自於對「振奮刺激」喜好、追求的性格。也因此，人類透過食品加工技術，改變了澱粉的物性。既然穀物的口味、氣味、視覺本身沒有太大變化，人類就將改變的重點擺在口腔感覺的實際口感上。

人類是否喜愛某種穀物食品的最大決定關鍵在於物性（物理性質）。因此人類很早以前就開始嘗試利用「黏彈性力學」的方法進行食物的評估。

所有的物品都具備黏稠（黏性）與彈力（彈性）。讀者可以想像流體的「流動方式」來了解黏性，想像彈簧的樣子了解彈性，這樣或許能更清楚明白這兩種性質的特質。比方說，麻糬雖然具有黏性，但是麥粒飯卻不黏，而且麻糬的彈力和米飯又不一樣。除了黏性與彈性外，還有一種性質叫做塑性。所謂的塑性是指物體承受力量時會變形的性質，所承受的力量消失後，物體上會留下殘留變形（伸與縮）。食品的物性包含了各種要素，因此食品很難進行評價，但是研究人員也一直努力設計各種的測量方法、計算方法嘗試評價。近來對食品的黏彈性物性評價方法已經進步許多，仍然殘留衆多的問題。

因此目前最受一般信賴的評價方式是「官能品評法」，也就是透過實際製造穀物食品，然後由評審一起品嚐排序。讀者或許會認爲這個品評法很原始，但是這種方法運用口腔、喉嚨、大腦品評食物的細微差異，應該是最好的方法。問題是很難重現。

比較麻煩的是，不論是物性評價或官能品評，不同的穀物或食品種類無法採用這些方式相互比較。以相同條件煮出來的多種米飯彼此間可拿來比較，但是不同的穀物種類或不同的加工方法，就無法比較品評。

物性與口感的擬聲語、擬態語

在品評育種的品質時，會以相同的加工、料理條件爲前提進行比較。但是食物因爲歷史、喜好以及加工方法的差異，不同的食物實際上無法單純評比。

不過，基本上可以根據穀物食品的「口感」，對人類的「喜好」進行大方向的分類整理。在本節中，將嘗試從兩大影響穀物食品性質的因素——黏性與彈性進行分類。而且有關穀物食品的「口感」，在語言上有許多細緻的呈現，所以本節中也做了一個口感與擬聲、擬態語關係的模式圖（圖5－3）。

關於口感有很多擬聲、擬態詞（Onomatopée），尤其在日語的發展中，擬聲、擬態語是表現質感的「語言分類基準」。日語很幸運，有許多表達質感的纖細擬聲擬態語，例如SHIKOSHI-KO（很Q）、NEBANEBA（黏梯梯）、SARASARA（清爽）、DORODORO（稠稠的）、SAKUSAKU（爽脆）、FUWAFUWA（軟綿綿）等等。

從味覺分析穀物時，可分爲穀物的（一）質地（口感、咀嚼、呑嚥時的感覺），（二）味

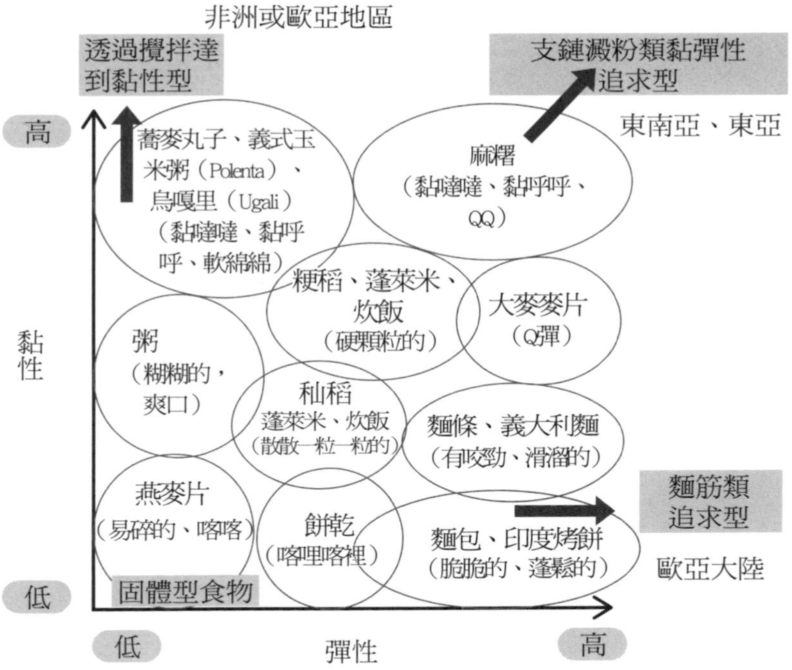

圖5-3　穀物食品的特性以及透過擬聲擬態語表現穀物食品〔Onomatopée的意思是擬聲語或擬態語，能精密地表現出食物的口感〕

道（甜、酸、鹹、苦、鮮味、澀、苦澀），（三）顏色與形狀，（四）香味，（五）聲音，（六）溫度等等，這些性質整合在一起構成了所謂「美味」的感覺。在這些味覺的性質中，對由穀物粒製造的食物、麵類、麵包而言，（二）的部份對美味的影響佔比較低，（一）的物理性因影響較大，尤其重要。

食物的質地受食品的軟硬、黏度、變形等力學特性左右。討論物質彈性與黏性的科學稱作流變學（rheology＝黏彈性力學）。同時，測量食品的彈性、黏性、塑性等的力學性質，以研究穀物的「美味（口味）」的方法稱作食品物性，其重要性與食品化學不相上下。

為什麼太甜的食物很難成為「主食」？

穀物是越咀嚼越甘甜的食物。主要是因爲其中所含的麥芽糖（maltose）的作用。麥芽糖是由兩個單位的葡萄糖經過縮合反應形成的一種雙糖。唾液的 α-澱粉酶能將澱粉分解成麥芽糖（雙糖）與糊精（多糖類）。

幾乎所有的哺乳類動物都對甜味反應敏銳，這是出自生存本能的共通能力。甜味會控制動物的攝食速度，若甜味極度強烈，會攪亂動物的攝食行爲，具有這類性質的食物不適合做爲「主食」。比方說，甜玉米含有豐富的蔗糖（雙糖類），但是過度的甜味會干擾與其他食物間的平衡，因此很難成爲主食。

在整體攝食的食物中，攝取量佔比較大的穀物若味道太過強烈，會干擾後續進食的食物，改變較晚進食的食物味覺（持續性對比）。而且舌頭上的穀物若會產生強烈的甜味，就會刺激舌頭的感覺，影響舌頭其他部位的味覺（同時性對比）。基於這樣的原因，太甜的主食會影響身體的多元食物攝取。這也是人類身爲雜食性動物的一種特質。

穀物加工與「吞嚥入喉」感受的追求

人類利用火煮熟食物的歷史非常悠久，可推估煮熟食物是一種全球性的文化。多倫多大學等的國際研究團隊在二〇一二年，於南非北部的喀拉哈里沙漠附近的洞窟中，發現了舊人類直立人在一百萬年前燃燒草木，以火煮熟食物的遺跡。那個時代推估舊人類已經分佈到亞洲了。直立人遠比五萬年前分佈於世界各地的現代人（智人）古老許多，直立人的用火技術如何傳播給現代人儘管途徑依然不明，但是人類加熱野生穀物的行爲，比始於約一萬年前開始農耕的歷史更早開始，這一點倒是毋庸置疑。

用火煮食的最古老形式是什麼樣子？人類的祖先應該只是將小顆粒的野生穀物或雜糧，脫穀以後乾烤而已。這是人類最古老最基本的料理文化。穀物只需要火和石頭就能輕易加熱。日本的炒麵粉或西藏的糌粑，就是將乾烤的穀物磨成粉，因此只要有石頭即可烹煮。這樣的食物吃法極爲單純，僅比生食複雜一些，也傳播到世界各地。經過烘烤的穀物口感，後來也由玉米穀片（cereal）承傳，那是一種吃起來「硬硬脆脆」或「爽脆」的感覺。

雜糧的加工方法，應該就是從單純烤一烤這類古老的料理方

照片5-2　以油脂加工的蕎麥丸（Sobagaki）
蕎麥匙用麵包（Ajdovi žganci）斯洛維尼亞

式，逐漸發展出製粉，以及使用各種容器的雜糧加工法。儘管小果實粒的雜糧無法整粒食用，只能製粉食用，但是世界各地的人們都在追求吞嚥入喉時「鬆軟」或「黏呼呼」的感受。當人類學會了製作容器，就可以在磨粉以後將穀物粉末加熱，穀物的烹調方式也愈來愈多樣。例如將穀物粉末或脫穀以後的穀粒加水加熱以後，可煮成稀飯，或只加少量的水攪拌烹煮，就能烹調出蕎麥糰之類黏度較高的料理（照片5－2）。

據說義大利的義式玉米粥（polenta）早期使用的是小米和黍稷製作，但是現在使用的是玉米粉。義式玉米粥最後發展成為家庭料理，這道粥在製作時必須輪流換手，不斷攪拌一個小時以上。長時間攪拌的目的，是為了要賦予非糯性澱粉黏性，並且透過不斷的勞力達成黏稠性。

照片5-3　玉米粉製的希瑪（nshima）（東非，馬拉威）

同樣透過一邊加熱一邊攪拌製作的雜糧磨粉料理，還有在東非廣大地區常見的日常食物。筆者在東非馬拉威進行調查時，就發現當地居民將白玉米粉加水，然後一邊加熱一邊用力攪拌，持續約二十分鐘製作成希瑪（nshima）（照片5－3）。希瑪（nshima）吃起來就像饅頭一樣鬆軟，和蕎麥糰加入熱水後攪拌成的黏呼呼口感完全不同。在日本有些蕎麥屋在製作蕎麥糰時，就是先加水攪拌，然後慢慢加熱，吃起來的口感就和希瑪（nshima）一樣的鬆軟，這兩者的情形一模一樣。

非洲也是具有高度黏性的山葵與山麻的發祥地，山葵和山麻都是重視「吞嚥入喉」口感文化的飲食產物。

5－3　小麥為什麼以麵包的形態食用？

對麵包口感的追求

使用小麥製作的食品群中，可分爲兩大類，一是透過烤焦麵皮帶來酥脆美味的類型，另一是像英國白麵包般口感鬆軟的類型。其中，古代難脫穀性穀物無法實現鬆軟的口感，這樣的口感一直等到會膨脹的普通小麥（bread wheat）普及以後才得以實現。古代埃及沒有普通小麥，據說當時是使用二粒系小麥製作麵包。

二粒系小麥（emmer wheat）具有難以脫殼的難脫穀性，所以以二粒小麥製作的麵包含有豐富的纖維，產生不了鬆軟的口感。可以推測的是，後來人類雖然使用發酵的二粒系小麥釀造啤酒，但是當人類取得更好的麥子品種時，就逐漸捨棄二粒系小麥改用普通小麥製作麵包。

自新石器時代以後，人類利用的穀物種類逐漸減少，集中在小麥、稻米、玉米一些特定的作物品種上。這是因爲人類爲了追求鬆軟的「彈性型」口感（參照圖5－3）的關係。麵包就是最具代表性的例子。

麵包還有另一種口感，這口感來自於「麵包皮」的酥脆口感。在人類的加工技術從古老的穀片口感發展到彈性追求型的過程中，留下了對酥脆口感的喜好。法國麵包、麵包丁（crouton）、西班牙與葡萄牙的炒麵包丁（migas）就是充分運用麵包皮口感的食品。

低筋、中筋、高筋

小麥含有豐富的醇溶性蛋白（gliadin）（酒精可溶性蛋白質）和麥穀蛋白（glutenin）（酸可溶性蛋白質），加水混拌就可產生麩質（Gluten）。這些成份讓麵糰的黏彈性升高，發酵時麵糰膨脹而二氧化碳不流失，都是拜這些成份所賜。麥穀蛋白主要與麩質的彈性相關，醇溶性蛋白則與黏性有關。近來由於氨基酸分析與生化學的研究進步，人類對麩質的結構已經很清楚。一般說來，麵粉中的粗蛋白質含量（蛋白質總量的近似質）越高，醇溶性蛋白與麥穀蛋白的含量也越多，在日本的零售店中將不同粗蛋白質含量含量的麵粉稱作低筋、中筋、高筋麵粉（圖5－4）。

硬粒小麥（durum wheat）爲易脫穀性的二粒系小麥，也稱作通心麵小麥（macaroni

wheat），因爲屬超硬質麵粉，所以主要用來製作義大利麵。普通小麥系的斯佩耳特小麥（Triticum spelta）屬難脫穀性的古老小麥，可製作可口的粥或製作麵包用的超硬質麵粉。也因此，斯佩耳特小麥一直沒有滅絕，在中歐與黍稷與蕎麥等一樣普遍栽種，被視爲是具有價値的穀物。

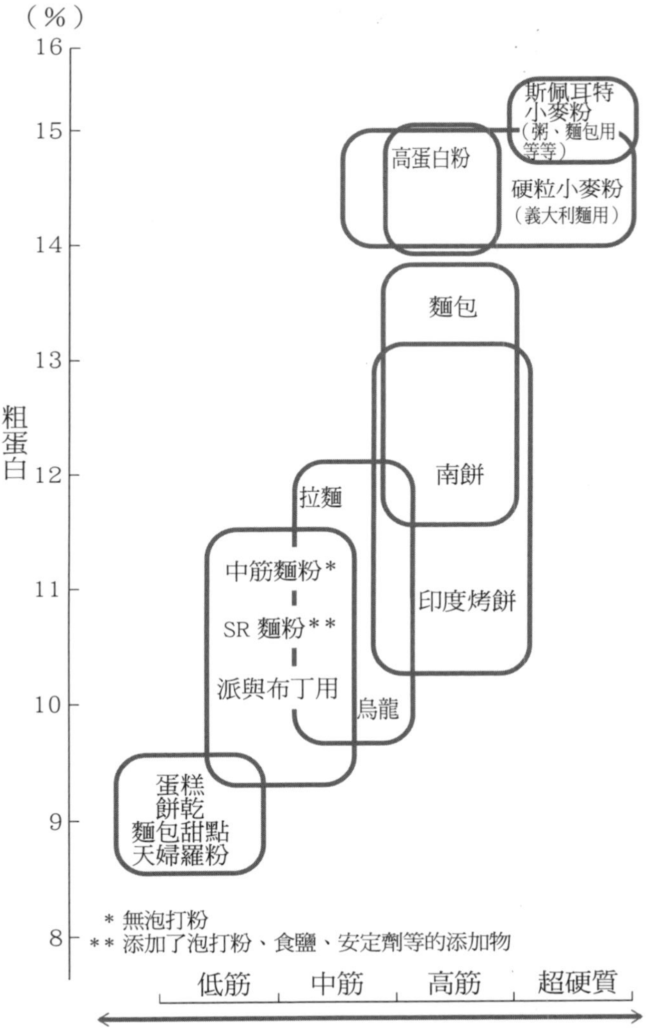

圖5-4　小麥的使用方法與成份

酵母菌與泡打粉

將形成麩質的小麥粉揉捏成「生麵糰（dough）」，經過靜置一段時間後，麵包酵母（酵母菌）會讓麵糰發酵膨脹。酵母菌是單細胞的眞核微生物，雖然不會運動，但是具有細胞壁，很耐乾燥，可存活於各種環境中。人類爲了取得性質安定且能烤出麵包的酵母菌，會將適合製作麵包的酵母菌乾燥，製作成乾燥酵母菌。在美國有愈來愈多移民後，乾燥酵母菌也愈來愈普及，讓許多家庭在家中也能輕鬆烘烤麵包。

泡打粉的原料是碳酸氫鈉（重曹＝小蘇打）。泡打粉是現代的產物，以工業方式製造，與酵母菌同樣能生產二氧化碳。

印度烤餅（Chapati）經常被拿來與麵包比較，屬於非發酵性食品。這種烤餅通常使用麵粉以外的雜糧作爲原料，所以不容易膨脹，也不適合進行發酵。它的質地介於古代雜糧食品以及使用普通小麥製作的麵包中間。

小麥必須製成粉才能使用，否則穀粒堅硬難以吞嚥。而且生麵糰擺放一段時間自然就會發酵膨脹，將其烘烤後，水分減少更方便保存，同時口感柔軟。這就是爲什麼必須將小麥製成麵包食用的道理。換句話說，麵包是結合了穀粒的物理性質、形成麩質的化學性質，以及無所不在的酵母菌所得到的必然結果。

專欄　「曝寒處理」改變了蕎麥的性質

蕎麥的果實存在不凍液般的水溶性物質，即使在低溫下吸含水分也不容易受寒凍傷害。所以，蕎麥和稻米不同，掉落在前一年栽種田圃中的種子，即使自然播種也能旺盛地發芽。

蕎麥在低溫的田圃中不容易凍死，在一～四℃的環境下不會發芽。過去的傳統技術運用了這樣的特性，利用寒冬中的流水去除附著在種子上的髒污和蟲子，「鍛鍊」蕎麥種子，這就是所謂的「曝寒處理」。農民將秋天採收的蕎麥果實裝入袋子裡，待寒冬來臨時浸泡在寒冷的清流中，撈起後再放至戶外，暴露於日照與寒風中約一個月時間，進行乾燥。

穀物在發芽期間，由於本身的澱粉酶作用，澱粉成份會遭到急速破壞，種子品質隨之降低。但是在寒冷的季節裡，這些酵素的活性低，種子不易發芽。因此曝寒處理會在「大寒」（一月下旬）的時期實施。日本的長野、山形、福島等高海拔地區會進行曝寒處理，將乾燥以後的蕎麥獻給德川幕府，做爲貢品。稻米、小麥、玉米等植物都不存在曝寒處理，放眼世界，曝寒處理也是難得一見的做法。

過去曝寒被視爲是利用清淨的水「鍛鍊」穀物外表的做法，但是現在已經確認，在低溫水中蕎麥種子處於低氧狀態，大幅改變了蕎麥種子的生理。經過數日的曝寒處理後，果實中所含的GABA（γG胺酪酸）會上升至原來的十倍以上（圖5-5）。一般以爲種子與生長有關的酵素必須達二〇℃以上的溫度時才具有活性，但是蕎麥的酵素在冰水中也能作用。GABA在低氧條件下從麩醯胺酸（glutamine）中代謝，經過「曝寒處理」後大量生成。稻米在二〇℃浸泡處理後發芽成爲胚芽米，GABA雖然也會增加，但增加程度並不大。

GABA是高等動物中樞神經系統中重要的抑制性神經傳遞物質。這個成份透過食物攝取雖然不會進入大腦，但是至少可抵達血管內。GABA具有抑制正腎上腺素（norepinephrine）的效果，

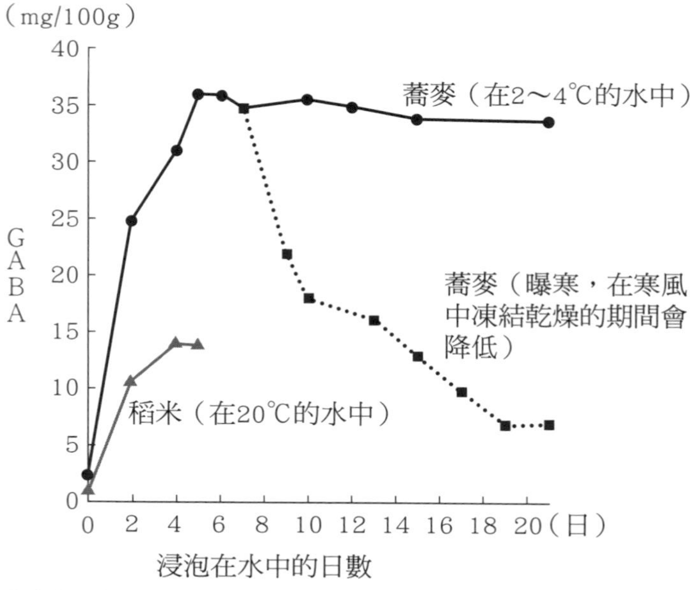

圖5-5 蕎麥與胚芽米的GABA含量的變化

能防止血壓上升，經由血管抑制末梢器官的神經傳達，可降低血管收縮的程度，具有「放鬆的效果」。在文獻中也有報告顯示，GABA能增進官能試驗中人體對鹽味與鮮味的敏感度，透過味覺獲得心理上的效果。

韃靼蕎麥經過「曝寒處理」後，GABA的含量可上升高達八十毫克，這讓我們看到穀物蘊含的未知潛力。

第6章

品種與栽培技術

6—1 越光米的起源

稻米的「煮乾」

世界各地對於稻米米粒的食用烹調方法五花八門，主要有「炊干（譯註：如米與水以一定比例煮，同現代電鍋的一般煮法）」、「湯取（譯註：以較多的水煮米後再移至蒸籠蒸熟，煮米的米湯留著飲用或用於其他料理）」、「湯立（譯註：將水沸騰後再將洗好的米放入煮的方法）」「蒸米飯（譯註：通常用於糯米的烹調法，或製作麻糬前的煮熟米的方法）」、「炒煮（譯註：洗好的米先以油炒過後再加水燉煮，如西洋料理的燉飯等）」。世界各地也栽培了適合各種烹調方式的稻米品種，不同民族的喜好也帶動了各種不同特性品種稻米的栽種。現代日本人最喜歡的米飯是採「炊干」方式烹調出的米飯。

「炊干」米飯時，米與水被控制在一定比例。在烹煮的階段，當水量較多時，稻米處於水煮狀態，等到水量逐漸收乾以後，稻米就進入蒸熟的狀態。除了蒸發掉的水分，其餘的水分都被米本身給吸收，以這種方法煮成的米飯能鎖住米本身的味道，讓稻米的風味獲得良好的運用。這種烹調方式煮出的米飯，也能滿足東亞人偏愛穀物「黏彈性」的喜好（照片6—1）。

相反地，印度以西的人類對穀物黏彈性不太講究，有些地方採用「湯取」的方式烹調，多量的水煮熟穀物後就將米湯丟棄。西歐和西亞的料理不講求「黏彈性」，多採用黏性較低的米烹調「手抓飯（或稱香料飯）」等，以先炒再煮的方式烹調米飯。若要以擬態語形容這種方式煮出的米飯的話，可用「粒粒分明」（參照圖5-3）來形容。

進行稻米的品種改良時，必須先了解各個地區不同的料理方式與喜好差異才行。

日本的稻米品種改良

在日本列島在栽種稻米時，除了須避開氣候的災害外，最重要的就是如何提高每單位土地面積上的收穫量。同時，爲了滿足人們口味上的喜好，日本一直以來都栽種具有高度「黏彈性」與「柔軟度」的粳稻。

日本從明治時代（一八六八年十月二十三日～一九一二年七月三十日）開始就盛行稻米的品種改良。由於地租制度修法，將原來按照收穫量繳納稻米的貢米制度取消，改採以生產力決定地價的固定稅率制度繳稅，因此爲稻米的品種改良帶來動力。在這套納稅制度下，只要收穫量增加，農民的收入就會隨著增長，所以愈來愈多

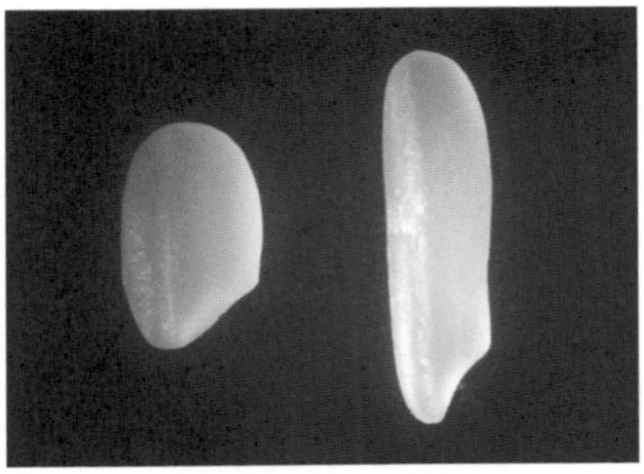

照片6-1　黏彈性截然不同的粳稻（subsp. Japonica）（左）與秈稻（subsp. indica）（右）

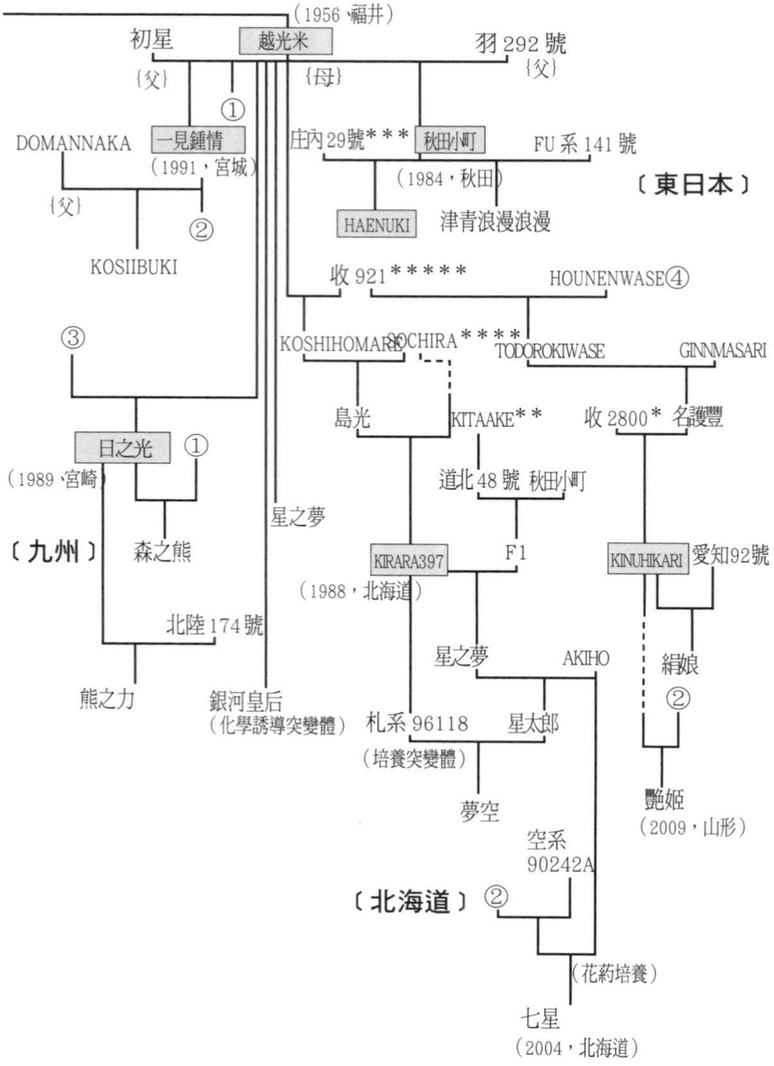

〔 〕內為主要的普及地區，( ) 為育成地區與年份，基本上左側為母方

▭ 內為代表系統的品種名稱

＊母方含有以「綠色革命」聞名的IR8（秈稻）

＊＊陸羽132號的血統

＊＊＊雙親都是SASANISHIKI的血統

＊＊＊＊母方的祖先為坊主與愛國

＊＊＊＊＊父方為耐冷性品種「藤坂5號」，其祖先包括了愛國與旭

------ 虛線代表當中有交配關係，但省略未記載

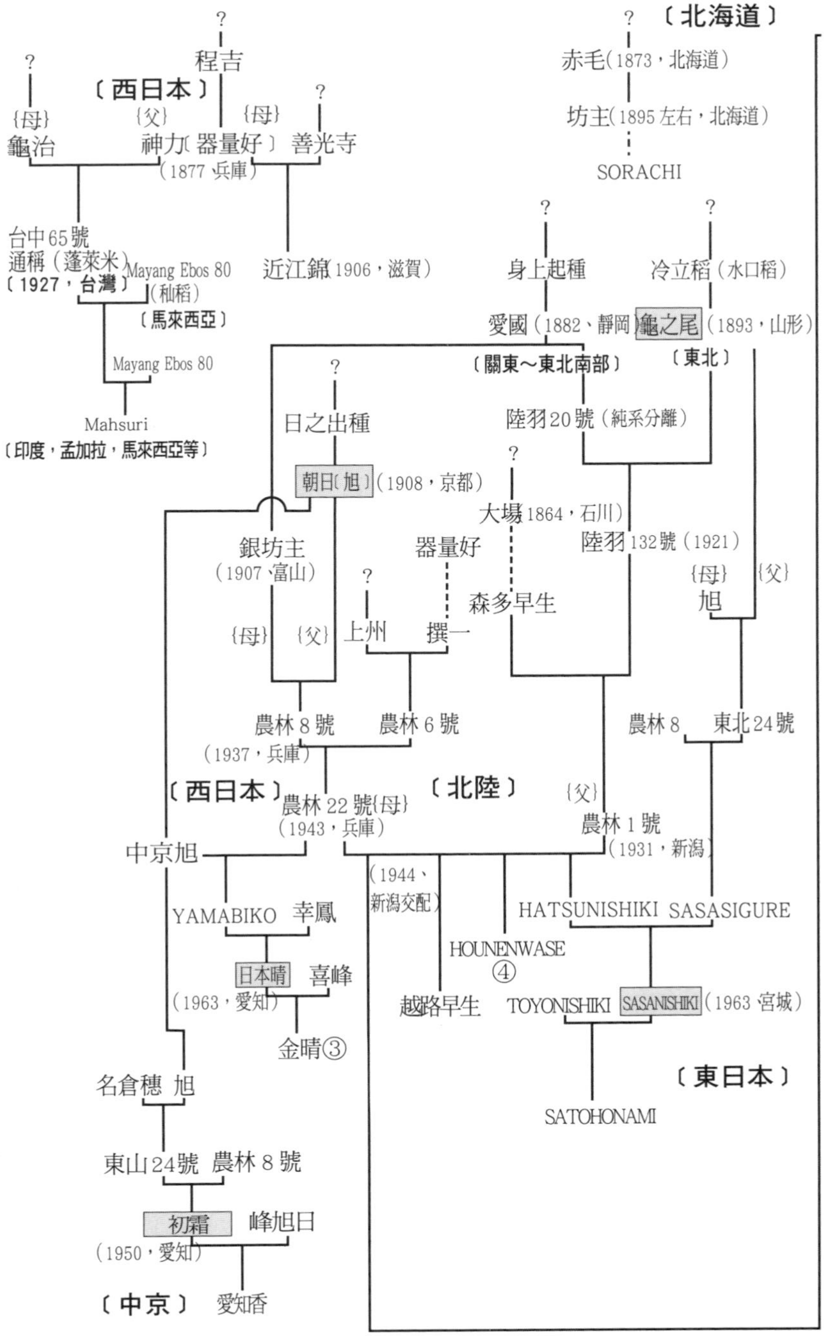

圖6-1　水稻品種的血緣關係

農民以大量施肥、選擇高產量品種的方式從事農耕。但是這種農耕方式到頭來反而讓稻米的品質下滑，於是農民又興起了改善品質的運動。就在這樣的時代背景下，近代的農業教育逐漸普及，也開始進行組織基因的改變（育種）。技術先進的農家，會從固有種中篩選品種，然後在經過試驗場的農業學家進行交配與篩選。這樣的過程幾經反覆後，誕生了許多新的稻米品種。稻米的品種改良，包括追求高產量、耐冷性、抗病蟲害、抗倒伏性、美味口感等的各種目標。

稻米現在有超過五百種的品種，從日本自明治時代以後的主要品種系統圖來看，可以發現品種的選擇傾向美味口感的品種族群，其源頭可追根溯源到日本西部的「旭（朝日）」品種，以及東部的「龜之尾」的品種（圖6－1）。這些品種有些來自固有種基因突變後的品種，或者經自然雜交所形成，精農家（擁有高端技術的農民）從中篩選以後進行培育。這些品種對於後世的育種者而言是非常重要的原生品種，影響很大。

「旭」是京都府乙訓郡向日町的山本新次郎先生所培育出的品種，稱作「京都旭」。在日本各地栽種「旭」品種時，出現了各式各樣的突變，因此即使名稱同稱為「旭」，也存在許多同名異質的系統。

「龜之尾」是明治時期由山形縣東田川郡大和村的高端農民阿部龜治先生所栽培出的良質米。在系統圖中，鄰近「龜之尾」的「愛國」品種則是靜岡縣賀茂郡青市村高橋安兵衛先生培育出的品種，在大量施肥的條件下收穫多，抗病蟲害力強，是頗受農家歡迎的品種。在明治時代，「愛國」與「龜之尾」、「神力」並列爲日本米的三大品種，一直到一九三〇年代末期，在東日本地區皆大量栽培。不過由於口味變差以及受寒害影響，後來栽種的面積逐漸減少。

一九〇四年起出現了人工交配的方法。一九二一年農事試驗場陸羽支場所育種出的「陸羽一三二號」因其不畏寒害，栽種面積逐漸擴大。昭和時代（一九二六年十二月二十五日～一九八九年一月七日）「陸羽一三二號」在東北地方取代了「龜之尾」的地位。「陸羽一三二號」是從高產量品種「愛國」中，篩選出較耐寒害的系統作爲母株，加上品質優良的「龜之尾」作爲父株交配誕生。日本列島的地理條件東西分佈範圍長，氣候環境變化多端，因此育種也須配合各地方的生態條件分區，按照各地的環境培育適合品種。稻米的培育被日本政府列爲「指定試驗事業」，「陸羽一三二號」算是交配育種的先驅。

這些品種後來也成爲育種的原種，繼續進行交配，於是在一九三一年的新潟就誕生了「農林一號」。「農林一號」具備了美味、短稈、高產量、極早生種的特性，在市場上獲得很高的評價。「農林一號」改寫了日本北陸稻米給人的印象，也是第一個由政府機關培育、命名，具備農林編號的品種。在那之前，日本產的稻米一直輸給從當時殖民地台灣進口的粳米「蓬萊米」，農林一號讓日本產的稻米有了翻身的機會。一九四三年在兵庫培育出了「農林二十二號」，這個品種雖然容易倒伏，但是口感極佳。

越光米的誕生

在這些品種的引領下，於二戰結束後在日本的新潟、福井進行交配、篩選，並且完成品牌註冊的稻米品種就是「越光米」。

「越光米」擁有高品質的稻粒與口味，是現在衆多知名品種的親種。如圖所示，北海道與九州過去很難產出口感好又美味的稻米，後來之所以能夠誕生品牌米，與越光米之間有很深的關係。來自北陸的美味品種此時已經適應日本各地的環境，這些實用的品種經過刻意交配，誕生出許多優良的品種。

另一方面，這些稻米品種群的血緣非常接近，欠缺基因的多樣性，可說是近親交配的結果。有研究指出，這些品種在適應氣候等的環境變化上顯得脆弱，岌岌可危。之所以近親交配，是因爲在導入特殊基因時，必須與遠方的品種雜交，若要交配獲得足以滿足需求的品種，過程曠日費時。一般而言，推動新的交配光從開始到註冊，前後須耗費十~二十年時間，育種速度趕不上市場需求的變化，因此關於如何縮短育種的研究多不勝數。

6-2 稻米品種從過去到現在的變化

重視作業性與收穫量的時代

現代的稻米品種重視美味，但是在大正時代（一九一二年七月三十日～一九二六年十二月二十五日）末期以前，最受歡迎的品種是耕種作業性良好，單位面積收穫量高的品種。「神力」是兵庫縣揖西郡中島村的丸尾重次郎先生所培育，是明治時期的主力品種（圖6-2）。「神力」的特性爲脫穀容易且多收。這兩項特性在今日追求美味品種群中已不重要，但是這樣的特性很能符合生產者的需求。在進行「神力」的育種時，先是送到台灣作爲交配的母本，由磯永吉博士等著手交配，成爲「台中六十五號」的親本。這個品種在台灣栽培，出口到日本，也就是前面所提過的「蓬萊米」，在日本數較早上市的稻米品種，流通在市面上。這款稻米應該是第一個重視市場反應且進行命名的品牌米。後來「神力」的系統群在日本幾乎銷聲匿跡，但是其對品種改良的影響拓展至亞洲的亞熱帶地區。

在當時的台灣爲了培育亞熱帶用的品種，嘗試將秈稻與粳稻交配，結果成功。二戰結束後，透過「可倫坡計畫（Colombo Plan）」這個針對開發中國家的技術協助計畫，這項技術與台中

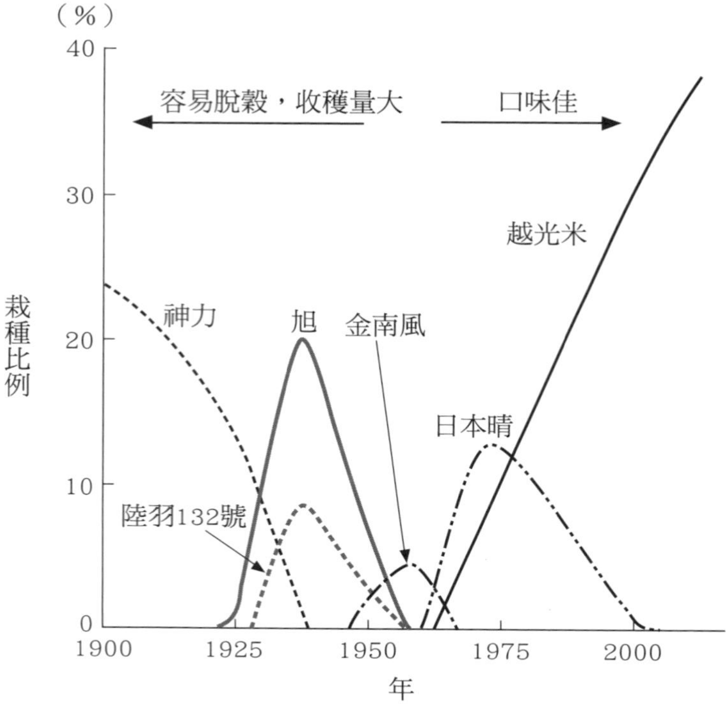

圖6-2 近代日本水稻粳稻的品種變遷。1967年以後稻米進入了生產過剩狀態〔1908 - 1973年的數據取自日本全國食糧事業協同組合連合會〕

六十五號也協助了「Masyri」品種的育種。「Masyri」品種是將粳稻再度回復爲秈稻進行雜交（將一邊的親本當作多次交配之親本的方法）所誕生的品種，在印度和馬來西亞等地栽種面積高達一百三十萬公頃，對亞洲的復興貢獻很大。而且台灣在一九六〇年代推廣名爲「綠色革命」的育種事業，採用二戰前後日本人所評價、選拔出的系統與品種，這些品種被用來作爲育種的部份親本。

綠色革命

所謂的「綠色革命」，是透過栽種高產量品種的穀物，或對農業方法進行技術革新以增產糧食，解決開發中國家等地區人口增加的問題。一九六八年美國國際開發總署署長William S. Gaud在國際開發協會的演講上首度使用了「綠色革命」這個辭彙。

在「綠色革命」中，由國際稻米研究所（International Rice Research Institute, IRRI）培育出高產量品種「ＩＲ８」，帶領了亞洲的稻作栽種增加收穫，帶來全球性的影響。「ＩＲ８」可說是「綠色革命」的代表性品種，收穫量高達固有品種的三倍。「ＩＲ８」的母本是印尼的長莖種「Peta」（種子親（seed parent））與台灣原生物種的秈稻「低腳烏尖」（花粉親）。

「Peta」是由中國的品種與印度的品種培育成的印尼改良品種。另一方面，「低腳烏尖」是台灣的品種，能抗水稻衰退桿狀病毒（Rice tungro bacilliform virus）和黑尾葉蟬（*Nephotettix cincticeps*），有罕見的半矮性雜草型短莖直立葉，是多分蘗的品種。只要具備多肥栽培、灌溉與病蟲害防治的條件就能豐收。目前亞洲部份地區仍繼續栽種著ＩＲ８。而且ＩＲ８的基因也導入日本，雖然佔比不大，但運用在「Kinuhikari」的稻米品種上。半矮性品種在其他穀物種類上也很罕見（照片６－２）。

照片6-2　人類配種所孕育出的半矮性品種（稗子，井川系統）

對高產量的追求

大幅改變日本稻米品種的是一九一三年源自德國、將空氣中氮氣固定的量產技術。氮素是植物生育不可欠缺的元素，但是植物無法吸收空氣中的氮氣。透過阿摩尼亞合成，可將空氣中的氮以阿摩尼亞的形態固定。後來，當阿摩尼亞可被用作速效性肥料使用時，農業於是出現改變。日本也從一九三〇年代開始大量生產硫安（硫酸銨），用於穀物的生產上。

當人類開始利用化學合成的方式，農田的作業就輕鬆許多，同時可獲得豐收的效果。植物吸收進去的氮素被用在植物體內行光合作用以及細胞的增殖上，讓植物體輕鬆地長大。

但是氮肥也產生了負面作用。氮素會促進吉貝素（gibberellin）和生長素（auxin）等植物激素（phytohormone）的合成，這些荷爾蒙會伸長細胞壁，導致細胞壁鬆弛。這麼一來作物就會徒長、倒伏，每單位土地面積的營養成長量過多，導致黃熟出現問題。而且，還會造成群落過度茂盛，濕度升高，引發病蟲害增殖。

在日本，前述的「旭」與「陸羽一三二號」都是常見的多收品種。之後，出現了品種註冊制度以及各個育種地區的分工制度。愛知縣山區所培育的「金南風」品種能對抗多氮高濕條件下常見的稻熱病，在追求豐收的時代裡，是一種代表性的品種。但由於「金南風」的母系包含了旱稻，因此在食用口味上有些問題，耕作面積於是逐漸減少。

在二戰結束（一九四五年）糧食不足的時期，以及其後的二十多年間，人們追求高產量型栽種，因此易於耕種且收穫量大的「日本晴」日益普及。「日本晴」是愛知縣農業試驗場的香村敏郎先生培育出的優良品種，具有「廣域適應性」的性質，可在各式各樣的環境條件下栽培。而且稻莖強壯，耐倒伏，栽種容易，栽種區域遍佈福島到宮崎，範圍廣泛，可說具備驚人的廣適應性。儘管在越光米栽種區域擴大導致「日本晴」的栽種範圍萎縮，但是在現代的「食味官能試驗」或稻米的「基因解析」中，「日本晴」都被列爲是標準品種運用。近來「日本晴」也被選爲九州的食味優良品種的母本。

一九六七年以後稻米開始出現生產過剩的問題，隨後育種的目標也跟著改變，許多新的品種誕生，相對地也有許多品種衰退。從這一年起，水稻的品種發展就大幅轉向，朝「質勝於量」的方向發展。

6-3 精密栽培技術

水稻栽培

日本水稻品種的栽培技術，精密程度世界第一。世界上許多種類的穀物從播種到收穫，通常整個過程不須特別照顧，但是日本的水田在栽種水稻時做法截然不同。

圖6-3爲稻米移植栽培時的栽培管理，以及當中容易出現生育問題的時期、單位面積分蘗數目的變化模式圖。現代的水稻品種已經發展成短莖型，在多氮條件下也不容易倒伏，但是古早的品種稻桿很長，容易倒伏，在追求多量收穫時須仰賴各種技術。而且如「北方寒害」、「西方旱害」的字面所示，氣候災害繁多，因此對於氣候災害的發生時期與發生機制也多有研究。

爲了避免生長障礙型寒害發生，在出穗前十日前後須升高灌溉的水位，讓靠近地表的穗可獲得保溫。此外，在日本山口縣等地爲了謹慎使用珍貴的水源，避免旱害發生，也開發出將灌溉集中於出穗前十日左右以及在開花期進行的方法。

出穗前十日左右與出穗後五日時的開花期是最容易受氣候影響的成長階段。比方說，在出穗前十二日遭遇了低於十七℃的低溫的話，即使其他時期的氣溫高，也會導致水稻的收穫劇減。這

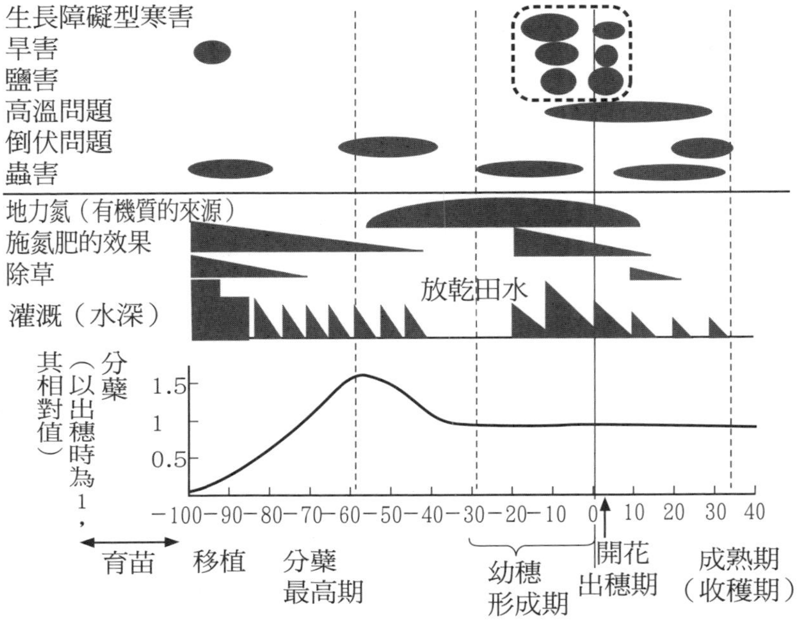

V字理論（抑制出穗前40～20日間的氮吸收，改善雜草型以提高收穫的栽培法）

節水栽培（集中在出穗前10日與開花期灌溉，以防止旱害發生的栽培法）

深水灌溉（提高水位以抑制無效的分蘖，避免生長障礙型寒害發生）

（虛線框）生理障礙的時期差不多一致

圖6-3　在日本十分發達的水稻精密栽培技術

當中有稻米生理上的道理存在，因爲在這個時期，花藥中的花粉母細胞正在進行減數分裂，若氣溫過低，糖代謝不全會導致花藥的物質無法順利傳送到花粉。這麼一來花粉就無法順利成長，即使出了穗也不會受精，出現不會結實的「青立病」。爲了避免這種情形發生，在寒冷地區會在這個階段進行「深水灌溉」，對成長點進行保溫。

旱害與寒害的共通因素

我們進一步來看「青立病」的發生機制。花藥中的減數分裂以及物質傳送到花粉的過程中，好氧呼吸也十分活潑。好氧呼吸是將氧分子還原成水的過程，在正常狀況下，這個過程中所產生的活性氧應該會消失。但是在低溫的環境下，消除活性氧的酵素活性降低，導致細胞膜出現氧化障礙的問題。關於這一點，已經可利用螢光影像分析取得了低溫造成花藥氧化障礙的證據了。

此外，科學也證明旱災發生會阻礙水稻的水分代謝，缺水壓力導致活性氧增加。有文獻報告，高耐乾燥的植物其所含的活性氧消除酵素SOD（超氧化物歧化酶）的量也很豐富。水稻在遭遇旱害與寒害時，可能都具有這樣的共通生理因素。

紅米能耐寒害是自古以來眾所皆知的事實。這是因爲紅色的植物即使在低溫環境下依然具有消除活性氧的能力，這應該是當酵素作用太弱時獲得色素補強所得到的效果。從這些情形看來，酵素與色素存在抗氧化的多重防禦機構，可推斷與各品種各自的基因群有關。這一點仍有待今後從生理學上的研究以及基因組定序的成果進行比對。

栽培技術的進步與「V字型多收理論」

在機械耕種出現以前，日本一般採用人工方式，進行「尺角植」的栽種（移植時約三十公分

×三十公分種一棵，一平方公尺面積可栽種約一棵），不像現代的「並木植」，可以一株一株密集排列栽種（一平方公尺面積可栽種約二十五棵）。在農民以手工栽種的時代裡，每一株的個體數若太少，水稻的每個個體的分蘗就會以指數函數的比例增長，以便立即塡滿整個空地。而且也會分蘗得很龐大。分蘗的根會與地上部份成等比生長，根長得又大又深，不易受旱害影響。同時，眼睛看不見的風的動態也很重要，若地面上的空間太寬大，風容易從縱橫方向吹過，有利於提供光合作用所需的二氧化碳給水道，同時也會帶走水分。這也是爲什麼精農們在培育健康的水稻時，會談到「十字方向的風很重要」、「田畝的方向要視風向決定」這些題目。

二戰後連續舉辦了二十年的「米作日本」競賽促進了日本的稻米栽培技術發展，耕種技術變得更爲精密，而且也發展出四大特色：（一）有機質資材的投入、（二）客土、（三）頻繁的灌溉、（四）深耕、（五）追肥。（一）有機質資材的投入增加了對水稻的養分供應量；（二）客土是供應黏土礦物，將灌溉水的縱向滲透速度調節爲一日一～三公分。（三）頻繁的灌溉促進並調節水稻根圈的氧化以及有機質的分解。（四）深耕是加深水稻根的伸展，將根扎到更深的土壤層，同時也能有效促進流到土壤深處的鐵質（溶失）回流。老水田的鐵質早已流失，導致水稻的成長後期無法產生硫化鐵，就容易出現硫化氫。一旦產生硫化氫，水稻的根會腐敗，引發生理衰弱的「秋落」現象，收穫量減少。「秋落」問題在明治時代是一個嚴重的水田問題，但是二戰以後精密栽培技術發達，透過（一）、（二）、（四）的方法供應鐵、鎂、鉀、矽酸等阻止了秋落現象的發生。「米作日本」競賽曾經創下一千平方公尺的田裡種出一千公斤老水稻品種糙米的驚人記錄。透過農民的手，開發出精密栽培技術讓容易倒伏的品種也能豐收。

後來，一套新的理論讓任何人都能利用機械移植的密植栽培技術，達成現高產量的栽培成果。這套理論就是「V字型多收理論」。

「V字型多收理論」的提倡者是日本農林省的松島省山先生，他實施了大型的水耕試驗。實驗結果發現，在多肥密植栽培中，前半段的成長過程雖然可輕易增加穀粒數量，但卻會出現黃熟不良的問題。實驗又在幾個不同時期補施大量的氮肥，結果顯示在幼穗分化期（出穗前三十日左右）追肥時，登熟會降低，收穫量看起來就像是V字形。這個時期正逢下部節間與止葉（最後冒出的葉子，登熟最重要的位置）生長的時期，容易倒伏，這是因為止葉過度伸長茂盛的關係造成。

根據這些實驗，松島省山先生研發出只需在這段時期釋放肥料與土壤中的氮素，抑制稻子的吸收，過了這段時期後再補施肥就能豐收的技術。這就是「V字型多收理論」。這個理論實際上是在出穗前四十~二十日進行強烈的「放乾田水（不進行灌溉的水管理作業）」，然後再重啟灌溉、噴灑速效性氮肥的方法。「放乾田水」能抑制氮素的吸收，而且水稻根部會生成缺水傳導訊號的植物激素-離層素，抑制葉子與節的伸長，大大改變了水稻的形態。

近代的高產量品種爲了獲得良好的受光態勢，大多是葉片接近直角直立的品種。即使是古老的品種，只要透過水與氮肥的施肥就能達成同樣的態勢，令人驚訝。這種植物形態被視爲是「理想型」，後來也成爲育種時的目標之一。

6-4 收割後處理（postharvest）的進步

照片6-3　穀風機

收割後處理的原理

收割後處理是指從收穫後到送上餐桌前的調整、加工、貯藏的階段。精白米也會受收穫後處理影響，左右品質的好壞，甚至連味道都不一樣。

收割下來的稻子須先掛在「稻架」上日曬乾燥，再經過風選去除異物。風選是利用風吹將未熟粒吹走的一種方法，農民只收集穀粒中快速落下的穀子，取得飽滿的種子。在江戶時代有一種從中國傳來的簡單機械「穀風機」，在日本十分普及，用在風選作業上（照片6－3）。穀風機是以人工方式製造風，有效率地篩選稻穀，這種設備至今仍然使用。風選得到的稻穀或糙米須貯存在「米倉」等的陰涼處所，在食用前以木臼或石臼「碾米」（去除稻殼）或「精白」。經過這些手續後稻子才可食用。這就式收割後處理，原理很簡單。

在近代日本朝精密化、分工化發展下，收割後處理也發展成專業的精米業。近來，還出現家庭式小量精米作業設備。這些作業都是爲了追求更好的口感所發展出來。

消費者最關心的是稻米的味道，也就是「食味」。食味是由稻子一生的經歷決定，尤其是成熟期的的缺水壓力以及對穀粒的物理性壓力、日照與溫度條件，這些都是決定食味上重要的因素。即使環境條件完全適合，成長順利，但是只要錯過了適合收割的時期，稻米就會乾燥，品質變差。爲了掌握最佳收穫時期，不只須掌握稻子本身的成熟狀況，水田放乾田水的時間點、天候都是關鍵。

最佳收割的時間點是在稻穀的綠色（葉綠素）消失之際。若太早收割，收穫量會減少，同時也會出現「不飽滿稻粒」（青米）的情形。收割太晚又會發生米粒破裂的胴裂米（照片6－4）。稻穀在剛收割時，含水量佔約百分之二十五，但在乾燥完成後約只剩下百分之十五。稻穀可調整乾燥的範圍很小，若含水量超過百分之十五・五可能會發黴，但若在百分之十四時又容易發生碎米或者米粒表面容易出現細微裂痕。裂痕部位的澱粉在煮飯時會溶解變成「糊狀」，降低飯粒的「光澤感」和「粒粒分明的效果」，食味水準也隨著下滑。

用來乾燥稻米的乾燥機，可自動測量稻米的溫度（品溫）或水分，有些還可根據室外的溫濕度狀態啓動熱風或遠紅外線，調整稻米的含水量。這類技術可防止加熱造成損傷，且可均勻快速地烘乾稻穀。

收割後處理不太可能仰賴生產者完全一手管理。爲了降低每一位生產者的負擔，稻米中心這樣的單位就是專門負責乾燥、礱穀、篩選、出貨的設施，也稱作「產地穀倉（Country elevator）」。在稻米中心有巨大的筒倉（silo）或貯藏罐貯存稻穀，集中進行收割後處理。

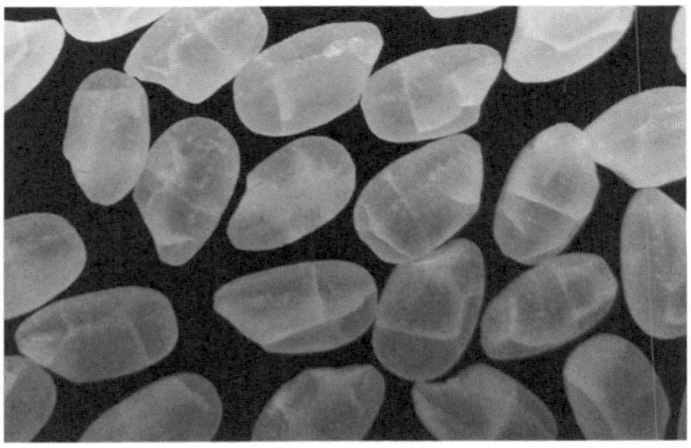

照片6-4　因為高溫或加熱導致米粒破裂

糙米與精米

去除稻殼讓稻穀變成糙米的步驟稱作「礱穀」（照片6-5）。這道步驟一般是讓稻穀通過兩個轉速不同的橡膠輥筒的縫隙，碾出未分選的糙米。然後再經過選別機（稻米分級機=Rice grader）選別，去除外觀不佳的「未成熟米=屑米」，所篩選出來的就是「糙米」。

精米步驟會先將糙米通過選別機去除異物，然後精白磨掉果皮、種皮、胚芽。精米用的機械有各式各樣，但精米速度若過快，會導致摩擦熱升高，讓稻米表面的澱粉變質，食味大幅降低。是故，精米是一道精密的作業程序。二戰前，精白稻米或晶白雜糧時，會使用粗糠或細白土當作「搗粉」，農家也在「胴搗（搗碎）」精米的技術上競相較勁。除此之外，有一種精白方式是將稻米反覆精米，這種循環型摩擦式精米機雖然過程較爲耗時，但是不容易發熱，摻雜在稻米間的米糠具有著緩衝摩擦的效果，因此能生產出良質的精白米。

照片6-5　礱穀機（輥筒式）

現代精米製程中，使用的設備有篩選別機（Rotary Shifter）或光學式選別機，能除去過去難以去除的異物或碎粒。光學式選別機利用可視光（四百～七百奈米）ＣＣＤ等，可辨識因病蟲害導致著色的著色米粒並將其分離。此外，也可辨識近紅外線光（七百～兩千五百奈米）穿透率不同的塑膠、玻璃等。在辨識時，米粒落下，機器即可檢視出有蟲害的著色米粒以及異物，然後立即以壓縮機空氣將其吹走。稻米的品質、品味不僅受制於品種、環境、生產者的栽培技術，也深受這些收割後處理技術左右（圖6－4）。理論上，收割後處理技術可以對每一粒稻米進行化學性質

檢查名稱	項目	對象與方法
食味官能檢查	外觀、香氣、口味、黏度、硬度、綜合評價（硬度指的是米飯咬下時的咀嚼口感）	米飯煮熟以後略微放涼（盲測）（試吃、比較）
物理檢查	黏彈性、澱粉的變動試驗（加熱冷卻時的黏度變化）	米粉或煮熟的米飯 質地分析儀或 RVA* 連續黏度分析儀（amylograph）等
化學檢查	粗蛋白質、直鏈澱粉、水分、灰分、脂肪酸、醇溶蛋白（難分解性蛋白質）等	糙米或精白米 人工分析或近紅外線分光分析裝置 **
形態檢查	6 階段標準 （正常粉、粉狀質粒、被害粒、碎粒、著色粒、異種穀粒）	精白米 可視光穀粒判別裝置 ***
外觀品質檢查	機器無法辨識的裂痕或米糠的附著程度	精白米 目視

* Rapid Visco（快速黏度測定裝置）。用於評價當澱粉粒中加水時，在攪拌、加熱下膨脹造成的黏度上升、澱粉崩解時的崩解（Breakdown）黏度、溫度降低時的急速硬化現象（回凝黏度（Setback viscosity）。

** 近紅外線的波長為 700 ～ 2500nm 附近的波長域。試驗所、JA（日本農業協同組合）等單位一般使用的「食味計」都在這個波長。

*** 可視光的波長域在 400 ～ 700nm 附近。低階的裝置用於農家和 JA，高階的精密裝置在試驗場等單位十分普及。

圖6-4　稻米的品質評價方法

的分析，在現實中其實也已經開發出這類機器設備，可針對每一個稻米顆粒測量其水分進行乾燥調製。

創造好口味的精白怎麼做？

稻穀在收割後經過表面研磨的精白工程，好不容易終於到達可烹煮的狀態。

精白分爲各種程度。二戰前，爲了消除維他命缺乏的問題，日本政府提倡低度精白的「分搗米」。米在精白的過程中會去除胚芽、果皮、種皮、糊粉層（合稱米糠），完全精白過的米其重量只有原來糙米的百分之九十左右，米糠佔約總重的百分之十。胚芽與果皮保留程度的多寡，大幅左右所得營養與食味的程度。

「七分搗」是指去除精米重量百分之七米糠的白米。除此之外也有僅稍微磨去糙米表面的「一分搗」，透過不同程度的精白，可處理出各式各樣的白米種類。

種皮內側、與澱粉層相接的糊粉層（aleurone layer）內側所含的氨基酸等成份，含量大過白米澱粉中貯存細胞的含量，這些氨基酸等正是提高食味的成份。因此在精白時，也有降低精白程度、不完全磨掉米糠的做法。通常胚芽凹陷處保留一些顏色程度的精白米食味越佳。

另外，近來常見的「無洗米」指的是「已經洗淨」的稻米。無洗米的製造技術有好幾種，例如水洗乾燥法（濕式法）或利用碾米機等去除米糠的乾式法等等，各種方法陸續被開發出來。

日本酒的精米

釀造日本酒所使用的稻米品種與精米的程度（精米步合），與一般煮飯用的米大不相同。

「酒米」是適合釀造用的專用粳米品種，這種米的米粒大、質軟，屬「心白米」，米粒中心很容易出現乳白色的部份。其收割後處理的方法也與一般米飯用的稻米不同。以純米大吟釀所使用的原料米爲例，精米重量比在原來糙米的百分之五十以下。也就是將重量百分之五十以上的米都磨掉。

釀造日本酒時爲什麼傾向使用「心白米」？這是因爲白濁部份的澱粉粒子存有間隙，表面積較大，較易吸水也利於麴菌繁殖，酵素的反應速度快，容易發酵。而且米粒周圍被徹底磨掉，只剩不到一半的米粒中，蛋白質含量少較不易產生雜味，所以能釀出風味更好的酒。純米大吟釀酒就是一種極爲稀少且奢侈的食品。

小麥的精白處理

小麥的基本製造工程包含以風或震動或者是使用篩子、光源精選麥粒，以及使用製粉機等粉碎麥粒與過篩。在荷蘭與比利時，仍然保留著使用風車的傳統製粉技術，供應風味豐富的茶色全麥麵粉，同時也對觀光做出貢獻（照片6-6，6-7，6-8）。

大規模的製粉公司會將這些製程細分，製造出種類不同的麵粉，供應各種用途使用。大型的機械製粉基本分爲幾道製程。首先是以輥筒製粉機磨碎（Breaking），然後依照麥粒大小分級（Grading）、篩選分級好的麵粉，吸引去除外皮（淨化篩粉）後，將分離出胚芽後進一步磨細。不過，這些製程目前已經發展得非常複雜。

小麥麥粒的內部與外部的化學成份大不相同，中心部的蛋白質、脂肪、礦物質、維他命含量

照片6-6　風車（比利時西佛蘭德省・達默）

照片6-7　風車的碾臼（達默）

照片6-8　全麥粉的粗磨（達默）

少，澱粉含量多。在製粉時，可按照化學成份或物性，將麥粉劃分成超過四十種以上的產品。這些產品可按照使用目的添加調製，不過配方的比例拿捏是屬於製粉業者的核心技術。

米糠與麩皮是穀物的外皮與胚乳的部份，稻米經過完全精白時，米粒約百分之十～十二爲米糠部份，小麥則有百分之十五～二十爲麩皮。米糠與麥麩都可作爲飼料使用。在畜產飼料對麥麩需求很高的年代，麥粒約有百分之四十都被磨成麥麩。在現代，米糠與麥麩也是萃取維他命供營養補充食品使用的來源。

食味檢查

小麥、裸麥、蕎麥研磨成粉末後並不直接拿來食用。這三種穀物需先經過製粉後，再經過複雜的食品加工步驟。由於這當中所產出的製品、調理都會大幅影響到食味，因此單純拿穀物粉體比較沒有太大意義。

相較之下，在日本作爲主食的稻米精製成白米後，經過水洗，再加入一定量的水浸泡之後煮成飯。這樣的烹調方式讓食味的比較顯得相對簡單。因爲簡單，品評稻米也發展出能判定細緻品質的判定技術。

稻米的食味檢查分爲官能檢查與理化學檢查兩種方法。其中由人食用評價的官能檢查尤其重要。官能檢查是有關穀物食味的一種相對性檢查方法，一般在試驗場或檢定協會等地點，會拿煮好的粳米進行品評。官能檢查的評價尺度分爲（一）「白色度」、「光澤」等的外觀，（二）香氣，（三）口味，（四）黏度，（五）硬度，（六）綜合評價等幾種基準。這些基準都分成五階段評分。不同品種的稻米食味差異很大，因此官能試驗的評價會按照產地與品種評比。此外，不同地區的居民喜好各異，所以炊飯的方法等也會配合微調。

官能試驗由感覺敏銳且具有評價能力的五～十名評審擔任。所有評審對隱藏了產地與品牌的米飯進行盲測（Blind test），然後統計得分進行比較。一般用作比較對象的米（基準米），採用的是近江產的「日本晴」或「越光米」，若品質與基準米同等時評爲「A'」，特別好的評爲「特A」，良好的米飯爲「A」，略差爲「B」，太差則評爲「B'」。在日本，每年都發表全國產地別的「食味排行榜」。

理化學檢查則分成物理檢查與化學檢查。物理檢查中包括黏彈性的評價，其中最具代表性的就是模擬口蓋的咀嚼試驗。以測量儀器測定硬度、黏度、附著性等等，整個過程非常耗事。但是爲了保持客觀，這項試驗主要是由試驗研究機構實施（圖6-4）。化學檢查包含了蛋白質、直鏈澱粉、水分等的評價，含蛋白質與直鏈澱粉豐富的品種通常吸水性和黏彈性較差。近來的研究發現，糙米的糊粉層等表面附近分佈有醇溶蛋白（不溶於水、可溶於酒精的蛋白質），會阻礙米粒的水分吸收，讓食味變差。除了醇溶蛋白外，胚乳的澱粉也不溶於水，尤其是粳米的直鏈澱粉更不易吸水。

從植物的角度來看，這些化學成份在生存上具有重要意義，例如醇溶蛋白在發芽時會分解成幼苗所需的營養成份。但是站在日本人「食味」的角度來看，醇溶蛋白就顯得不重要了。

評價品質與食味的方法種類繁多，各有優劣。一般在生產合作社之類的機構都使用測量儀器，以數字評價化學檢查的項目。但是在這個要發展產地品牌化策略的時代裡，食味官能試驗就顯得特別重要了。

6-5 暖化是否會影響稻米的品質？

氣溫幾度的差異也會影響食味

產業革命以後，地球因為石化燃料的消費，人類所造成的溫室氣體排放情形愈來愈嚴重，氣溫也不斷上升。穀物的生產受氣溫與水資源影響，日照量即使再充足，只要少了適合穀物種類的氣溫與水就無法生產，因此氣溫尤其重要。根據日本氣象廳的資料顯示，最近一百年間日本各地的氣溫上升率視地區而異，上升程度在一～二℃之間。IPCC（政府間氣候變化專門委員會）的第五次報告書（二〇一三年）中報告，二〇五〇年世界的平均氣溫將較一九八六年～二〇〇五年上升一～二℃，預測二一〇〇年將升高一～三・七℃。報告中同時認為，濕潤地區與乾燥地區的降雨量差距、季節的差異將拉得更大。

水稻源於亞熱帶，一般認為在日本水稻受暖化影響應該不大。但是即使只有數度的溫差，還是會大大改變粳米的外觀品質（品位）與食味。比方說在成熟期的平均氣溫若超過二十六℃，粳米就會突然變得白濁，胴裂米（因為過度乾燥導致胚乳裂開）也會增多，外觀和食味都會降低。事實上，二〇一〇年的酷暑讓良質米的產地日本北陸地方氣溫高升，發生了許多的「背白米

（胚芽的背側流入胚乳的路徑入口處）」。同時，福井縣在七～八月的日平均氣溫較過去三十年間平均升高了〇．六～〇．八℃。西日本～北陸地區在七月下旬到九月上旬的日平均溫度達到二十八～三十℃，這都造成許多氣候災害的問題。這樣的氣候變化今後很可能越來越嚴重，研究人員也正加速研發所需的相關技術。

稻米不耐高溫的原因

稻米的米粒之所以發生白濁，是因為蔗糖轉換到稻穀（穎花）的過程中遭遇轉換阻礙，澱粉合成與分解的阻礙、ATP合成的阻礙等，都源自於與酵素相關的生理性因素。胚乳的澱粉粒發育不良導致澱粉之間的間隙過大時，光線的擴散反射會讓米粒顯得白濁。此外，澱粉中支鏈澱粉的側鏈伸長，結晶度升高，同時短分歧變少時，也會讓稻米容易發生澱粉老化（冷卻時容易變硬的現象）的情形。目前對於這類基因表現與代謝物質的綜合分析技術已獲得相當的進展，可確認的是，由於合成直鏈澱粉之合成酵素的基因表現異常，導致氣溫升高時稻米會出現問題。

稻米在出穗以前澱粉都貯藏在莖、葉上（主要為莖）。開花後，澱粉在莖葉部分解，轉換成蔗糖氨基酸，送到穗的部份再合成澱粉與蛋白質，這個過程與酵素和呼吸有密切關係，受溫度的影響也很深。這些物質透過葉與根同化、轉換到莖葉部暫時貯存，然後於此處再度分解，從莖葉

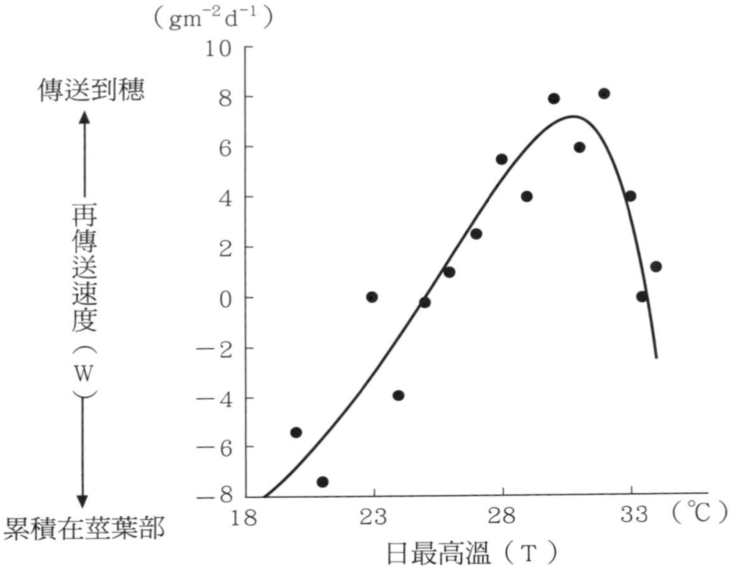

線是以非線性模型的式子算出：W=exp(0.115・T)- exp(0.377・[T- 24.5])- 16.60。
資料來源為在日本信州、京都、松江、北上以及中國（雲南、南京）、泰國（清邁、烏汶府）實施了為期2年的栽培試驗、ARICE- net共同研究的數據。
出穗後15日的平均值為粳稻（日本）、秈稻（印）、日印交雜種、非洲稻與水道的交雜種（NERICA）等9個品種的平均。
楊重法、藤田香、加藤昌和、井上等（2005）。

圖6-5　氣溫對水稻澱粉等物質從莖葉傳送到稻穗的影響（登熟前期的15日間）

再度轉換到穗。這段時期的轉換速度（再轉換速度）與登熟前期（最初的十五日）日最高溫平均值的關係如圖6-5所示。圖中顯示，當日最高溫約三十一℃時，再轉換速度達到最高。但若從日均溫的平均值來看，則以低五℃的二十六℃時條件最佳。此外，粳稻的最佳溫度比秈稻還低一℃。

不同溫度下再轉換速度的反應模式顯示，溫度愈高再轉換速度愈快，但在到達某個溫度時，轉換速度會快速下滑。這個反應模式和酵素反應速度與溫度的關係很類似。酵素反應在溫度升高時，反應速度會隨著加快，但是到達一定以上的溫度時會出現變性，反應鈍化。而且如一般所知，維持性呼吸作用（maintenance respiration）的速度也會隨著溫度升高加速。正由於這些作用的結果，於是讓再轉換速度出現變化。

高溫耐性品種具有兩大特徵，一是在出穗之前在莖葉內貯存了大量可再轉換物質，二是登熟期光合作用機能不容易降低。「Tsuya姫」在二〇一〇年遇到酷暑時，外觀品質依然維持良好，一等米（依照農產物檢查法所作的品位檢查）的佔比仍然很高。由此可見，這與「Tsuya姫」擁有秈稻遠祖的基因不無關連。

出現在稻米上的各種問題

稻米穎花（稻穀）形成胚乳細胞以及內部澱粉的充實，是在開花以後的十～二十日之間完成。因此這段時期的物質轉換以及光合作用，對糙米的形成尤其重要。綜觀在亞洲各地使用各式品種所作的實驗結果，可發現在登熟前期，穗的登熟速度（可消化成份的增加）受再轉換速度的影響很大。莖葉部所貯存的物質量以及溫度，對觸發稻穀的細胞與組織的充實扮演著重要角色。胚（胚芽部份）的細胞分裂也在受精後約十日左右大致完成，這當中估計莖葉部對蛋白質代謝的影響也很大。

照片6-9　不完全米

在登熟期若物質轉換送到稻穀的動作停滯，這時即使糙米的外型已經形成，所長出的米也會變成「不完全米」（照片6-9）。透過對「不完全米」的觀察，我們可以看出糙米一路發展成形的過程。若發生受精障礙，穎果的發育就會停止，形成「秕米（immature grain）」。糙米的澱粉貯存及其澱粉品質，與形成重量百分之六十～八十的登熟期光合作用、轉換以及澱粉合成的整個過程都有關。若澱粉貯存不足就會停止生長，成爲「死米」。

穎果從胚乳的中心開始充實澱粉，因此在不同的高溫時期充實白堊質的存在部位也不同。若高溫出現在米粒登熟初期，會造成「背白米」或「心白米（僅米粒中心存在白堊質）」發生。在登熟的中期遭遇高溫時，因爲養分不足造成脫水收縮，讓澱粉之間的間隙變大，形成「乳白米（表面雖有光澤，但呈現白濁不透明）」。在登熟的後期遭遇高溫時，最晚開始貯存澱粉的基部就會出現白堊質，成爲「基白米」。登熟後半期作物體的生理活性開始鈍化，成長衰退，這時候就容易出現「腹白米（胚芽側面，流到胚乳的路徑末端部呈現白濁）」。

此外，也可從稻穀的狀況推測稻穀曾遭遇的各種問題。例如颱風的傷害會造成菌類繁殖，這時候就會出現「茶米（糙米變色）」。若龜椿等昆蟲吸食了胚乳的糖，就可能出現有1～3毫米大斑點的黑褐變色米。此外，高溫或太晚收割，稻穀過度乾燥就會出現「胴裂粒」，而且這樣的問題一直要到精白時才會發現。

糙米總數扣除異常米粒的比率稱作「整米率」，這個「整米率」是有關水分、容積重量等，保證稻米「品質」最低限度的指標，檢查米穀時，也會檢視整米率。地球暖化將可能導致保證穀粒品位與品質的最低標準逐漸下滑。

6－6 風土創造風味

礦物質與食味的關係

「風土」正如字面所示，除了指風、土壤外，也包含水、氣溫、水溫、日照以及從事精密栽培的人。若欠缺其中任一項，就無法栽培出優質食味的高品質米。「土壤」的要素包含了「土地的培育」，事實上，與食味關係密切的因素之一就是礦物質（圖6－6）。

一般而言，糙米與精白米的鎂（Mg）與鉀（K）的比（Mg／K）若較高，黏度會比較強且食味較佳：若含氮素（N）較多，精白米的蛋白質含量會升高，吸水能力降低，黏度下降。稻子在栽培期間的前半段，由於營養器官會進行細胞分裂，因此在這個階段必須吸收大量的氮素。愈往栽培後期發展，稻子對磷（P）的需求就愈高，以便生長出富含磷酸的胚芽。這時候需要磷酸，以構成DNA的核　酸。鉀與作物體內調整滲透以及酵素反應的離子環境有關，對養分轉換很重要，是穀物不可或缺的元素。

精白米的Mg／K比或Mg／N比越大，最高黏度就隨之升高。因此，當澱粉粒崩解時也變得更軟，也就是崩解（breakdown）值變大。糯稻的最高黏度與澱粉崩解值都呈現較高數值，這兩個數值在食味較佳的粳稻上也同樣偏高，在食味官能檢查中能取得很高的評價。圖6-6下方的兩個圖所示，爲連續二十三年採用有機方式栽培的稻米，其Mg／N與黏彈性的關係。圖中可明顯看出，具有提高食味效果的這兩種物質其數值都很高。鎂與成長後半段登熟期時的光合作用以及生殖成長有關，氮素對成長前半段的光合作用與營養成長關係密切。因此，Mg／N比可用來作爲掌握「秋勝（Akimasari）型（在成長後半期的生長旺盛型品種）」稻米的指標。相對地，氮對磷或鉀的比看不出與食味相關物性有什麼關係。

鎂爲光合作用所需的礦物質，在色素分子葉綠素行光化學反應（別名光反應（light reac-

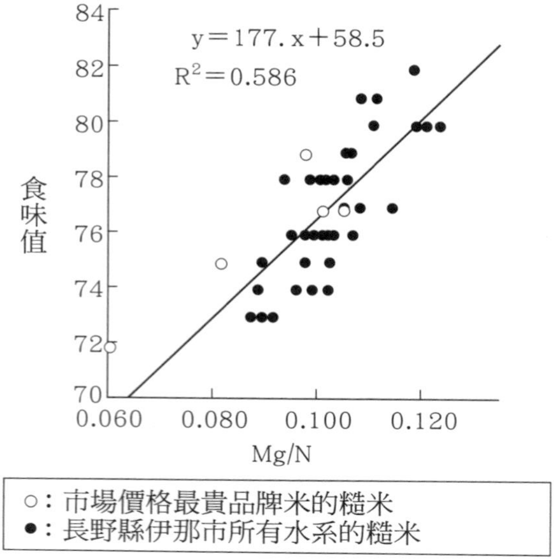

食味值：根據蛋白質與直鏈澱粉以及水分等所推算出的數值
（2008年與伊那市的共同研究）

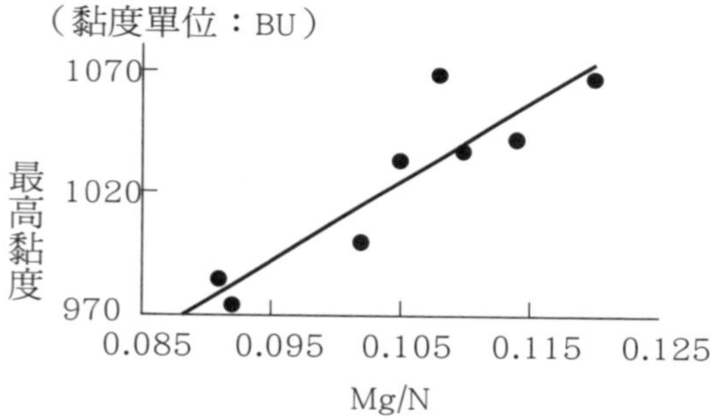

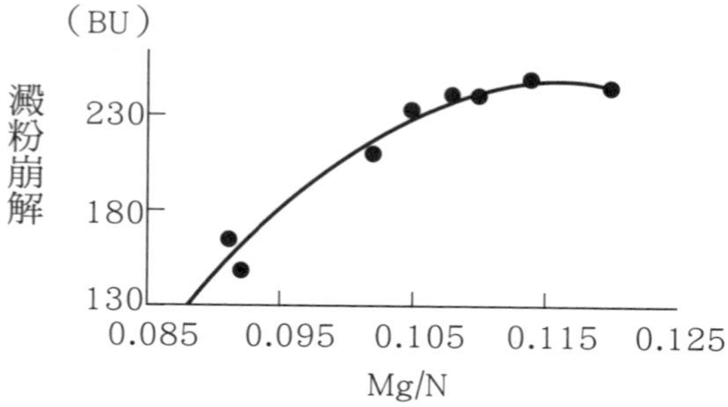

持續採用有機農法耕種時，食味方面之物理性質的提升（下方2圖）
根據玉置、吉松、堀野等人（1995）的連續黏度分析儀(amylograph)數據製圖。

圖6-6　米的食味與礦物質的關係

tion））。光化學反應會透過吸收光能誘發電子的傳遞，引發化學反應，是穀物生產中最重要的生理活動之一。在色素當中之葉綠色 a 分子的中心含有鎂，這裡也被稱做是「光合成反應中心」。除此之外，葉綠體合成蛋白質需要鎂離子，若鎂不足葉子會變黃，在成長後半段葉子會褪色，導致光合作用的速度放緩，造成稻穀登熟不良。

鎂是二價的陽離子，在土壤中與一價的鉀存在抗拮作用。若鉀肥施肥量太多，就會阻礙鎂的吸收。基於這個因素，當精白米中的 Mg／N 比大時，就意味水田中未發生鎂吸收阻礙的情形。而且，鎂大多來自河川的自然供應，只不過透過施肥的供給也很重要。

影響精白米食味的黏彈性與 Mg／N 間也存在正相關關係。食味計是利用糙米的 Mg／N、蛋白質以及直鏈澱粉與水分等進行推定，所以 Mg／N 比與「食味值」的關係很深。這項分析，是針對產自被日本南阿爾卑斯與中央阿爾卑斯環繞的長野縣伊那市所生產的特 A 級越光米。而且使用市場上評價最高的知名品牌越光米的糙米作爲參考。這地區的糙米，Mg／N 不遜色於品牌米或持續採用有機農法栽種的水田的數值，有時 Mg／N 值甚至更高。這代表著在山區存在特有的天然礦物質，供應量也十分豐富。

生產良質米的風土

源自中部日本南阿爾卑斯等地的水流中，含有豐富的花崗石風化物質，由於地質的關係也爲稻米帶來了良好的食味。花崗岩是火成岩的一種，在地底深處形成，主成份爲石英與長石，以及含百分之十左右的有色礦物（黑雲母等）。這些礦石中的鈉與鉀含量少，帶有醒目的黑色與金色的礦石爲矽酸鹽礦物的雲母，代表性的化學式爲 $(Fe,Mg)_3AlSi_3O_{10}(OH,F)$。這一帶的灌溉溝渠經常因爲閃閃發光的雲母或黏土而讓溝渠內的水顯得白濁。推估，雲母岩經過風化後流入水田中，大自然提供了豐富的鐵（Fe）、鎂、矽（Si）等元素，形成黏土，其中所含礦物質的豐富程度遠超過施肥所能供應的量，也形成了栽種良質米所需的風土。順帶一提，「KIRARA」是雲母的意思，北海道的良質品種、知名的水稻品種恰巧也叫「KIRARA」。

古老的水田中經常缺鐵，當鐵份不足，水田的土壤中就無法形成硫化鐵，而產生硫化氫，讓水稻生理出現問題，尤其當水溫高時，水稻容易腐爛。水稻的根在出穗以後幾乎不再長出新的根，所以當根的機能衰退，根在登熟期吸收礦物質與水的能力也隨之下降，光合作用的速度放緩，水稻的成熟不順利。鐵由當地的岩石自然供應，估計地方的岩石不僅有助於提高收穫量，同時也對優質食味貢獻很大（照片6－10）。

生產地區的氣溫與水溫不僅影響水稻的收穫量與品位，同時也大大左右著食味。溫度愈低，精白米產生黏彈性的機制——合成澱粉中支鏈澱粉的基因表現就會愈差，食味也降低。夜晚溫度若高，稻子呼吸會造成消耗。晝夜的氣溫差異大，再轉換與稻穀的登熟速度都會加速，品質升高。這些條件都無法以人工方式控制。

風的影響也很大。風能將二氧化碳強制送入群落中，也能促進水份的蒸散，這對群落的光合作用十分重要。水的蒸散一旦停止，葉子的溫度就會上升，而且往往會讓光合作用停滯，也容易出現病害。

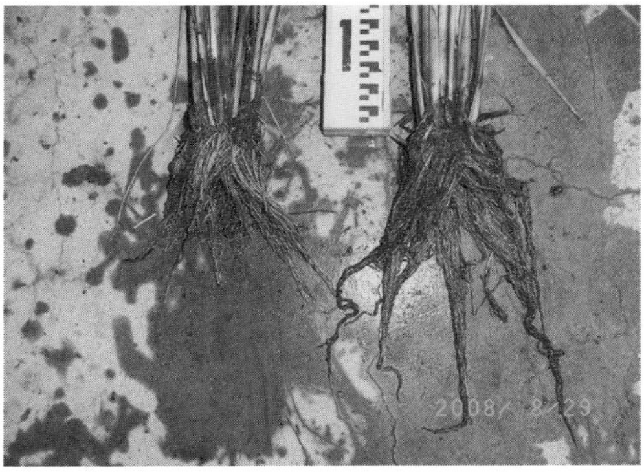
照片6-10　登熟期水稻的根（左為健康的水稻根，右為尺寸雖大，但因生理問題而腐敗的根）

與日照量不同，大氣的變動無法單憑肉眼判斷，所以也是風土當中最需要留意的部份。大氣的動態是一種「亂流」，是由眾多小漩渦氣流所構成的複合體。只要有幾股氣流的波長（周波數的倒數）一致，就會大幅擺動稻穗，形成像海浪一樣的「稻浪」。氣流若更爲發達，會形成龍捲風帶來嚴重的負面影響。不過，若只是形成「稻浪」程度的風速，對穀物生產十分有利。

筆者曾經分析高梁的莖的「擺動」與亂流之間的關係，發現若氣流的週期與莖產生共振，在平均風速的週期性變化中出現二～三次的吻合時，高粱的莖就會產生大幅的「擺盪」，讓群落的物質輸送效率提升。大氣亂流的測量以及分子的動態與穀物群落生產相互的動態關係在今日仍然殘留許多謎團，有待今後的研究解開。

專欄 利用光測量官能

科學始於「分類」。人的知覺可分爲視覺、聽覺、觸覺、味覺、嗅覺等等。但是除此之外，人類還有物理性的體感，在口腔內或皮膚等的「上皮」部位具有多樣的功能，可以感受溫度、位置、震動等等。這些感受能力稱作「感性」，影響感性的力量稱作「官能」等，這是一個新誕生的科學領域。

一九七〇年代以後，人類發展出以非破壞性、非接觸性方法推定化學成份或「感官」的科學。用來測定穀物品質的方法往往結合了化學（分析化學）與物理學（分光學）以及數學（統計學）。

以數學式結合不同波長的光資訊以及化學分析值的科學稱作「化學數學」。食品包含多種的化學物質，在日常的品質管理中，將物質分離以後進行化學分析十分困難。但是近紅外線分光分析則能夠以非接觸、非分離、非破壞的方式進行推定。利用近紅外線（NIR）測量，就是利用吸收官能基能量時反射率與穿透率不同，以及不同的物質其波長不同的原理。

例如以近紅外線照射含水率不同的小麥粉觀察其反射率時，由於O－H鍵的量不同，所以反射率也不一樣（圖6－7）。含水分多時，雖然波長一九四〇奈米的反射率會出現明顯差異，但其他的波長變化小，只

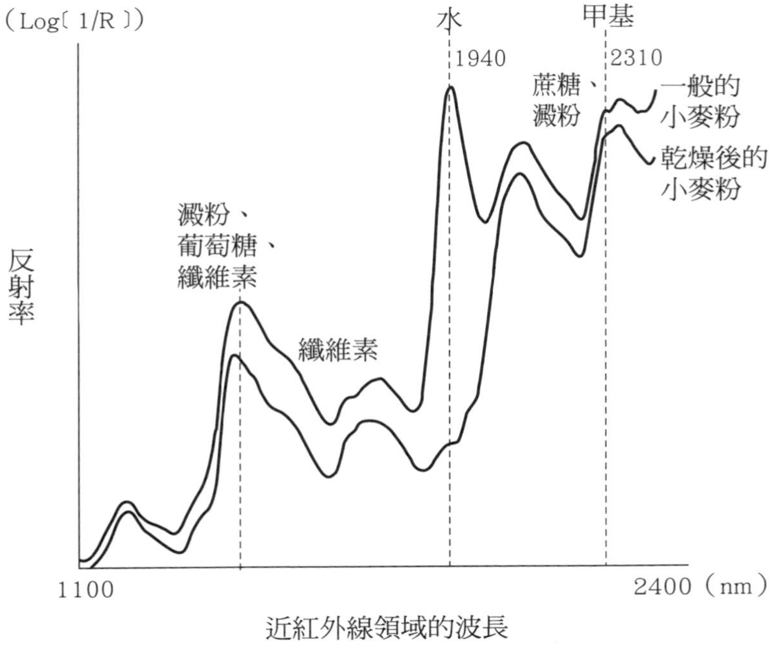

水分量在1940nm處反映，與2310nm無關，因此可從反射率的差推定。根據Osborne and Fearn（1986）的圖加工製圖。

圖6-7　以近紅外線分光法所作的穀物食品化學成份的非破壞性測量

要比較這兩種波長的差或比就可推斷水分的含量。應用這些原理，再加上使用多種波長的數據，就能以非破壞、非接觸的方式分析蛋白質等等複雜的物質群。

分析蛋白質時，標準的方法是以熱濃硫酸分解穀物，測定氮素量，再乘以一定的常數推定，但是這套過程非常麻煩耗時。以此方法測量出來的蛋白質的物質群稱作「粗蛋白質」。

近紅外線分光分析利用氨基酸（$-CH_2$）等會影響改變光譜波紋的原理，以統計方法即可輕易推定含有衆多物質的「粗蛋白質」。目前，全世界都以這個方法作爲小麥等穀物的標準檢查方法。所推定出來的化學成份值與食味官能檢查的評價值也有很深的關係，因此也被升級用來進行食味官能檢查的非破壞簡易評價。

例如

$$Y=\alpha_1 \cdot X_1+\alpha_2 \cdot X_2+\alpha_3 \cdot X_3+\alpha_4 \cdot X_4+b$$

這裡的Y：食味官能試驗的評價，X_1：粗蛋白質含量，X_2：直鏈澱粉含量，X_3：水分含量，X_4：脂肪酸含量

各項數值都是以近紅外線分光分析的推定數值。常數α_1、α_2、α_3、α_4、b是表示官能試驗結果與化學分析值關係的常數，是事前以統計方法求出的數值，這個常數會隨著儀器與年度、地區變動，不是絕對值。

第7章

穀物的未來

7－1 生質酒精（Bioethanol）的誕生

玉米的活用

對二十一世紀的人類而言，最大的課題就是糧食與能源。糧食只需善加利用太陽、水與作物就能持續生產，但石油與頁岩油氣等化石燃料資源則極可能枯竭，資源十分有限。

相對於前述的燃料資源，生質酒精對大氣、水、土壤、地殼等的環境負荷較小。生質酒精是以植物製造的糖、澱粉、纖維素作爲原料所製造的酒精（乙醇），近來經常被當工業用燃料使用。

穀物生產會固定大氣中的二氧化碳。因此一般認爲，將利用穀物製造出來的酒精用在汽車上，就能大幅降低對空氣造成的不良影響。生質酒精因其可作爲環保型汽車燃料而受到矚目，從一九七〇年代後半開始，越來越多以美國大量生產的玉米作爲原料，生產出生質酒精，同時在一九九〇年因爲美國空氣清淨法（Clean Air Act）的修法，更促進生質酒精的生產。玉米之所以被大量用於酒精的製造，是因爲每一顆玉米粒的體積大，玉米粒的構造很適合分離澱粉（圖7－1）。只要明白不同品種存在很大差異，就可以利用這個圖大致比較不同穀物的粒重差別。玉米粒的重量約爲稻米、小麥的約十倍，是小米、稗子、黍稷等雜糧的約一百倍，是苔麩（Eragrostis tef）、非洲小米

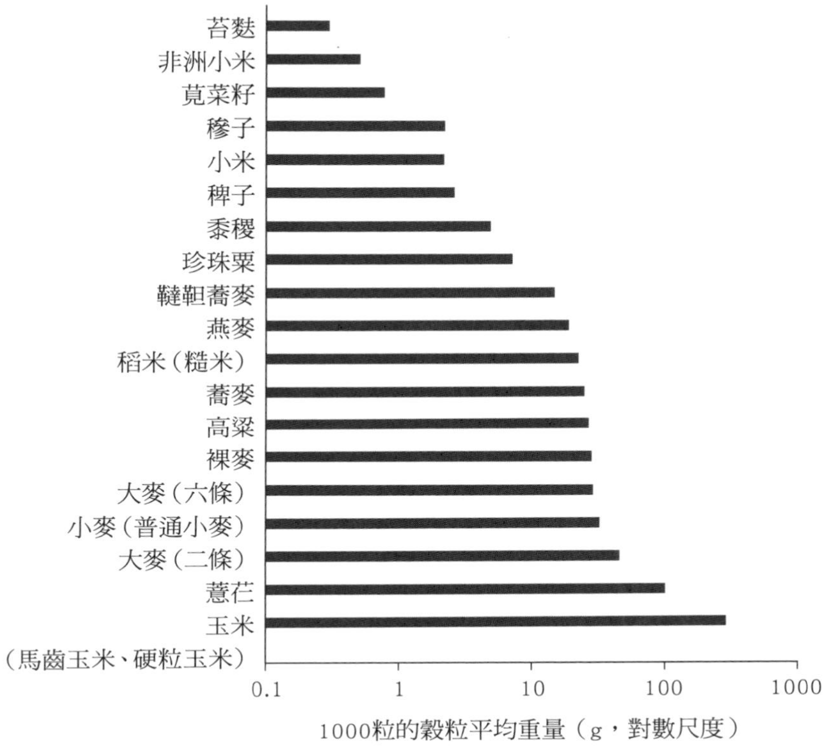

圖7-1　各種穀物品種的大小差異
所示為平均值，玉米、水稻、小麥、大麥等由於品種改良的關係，品種間的多態性（polymorphism）差異極大

（fonio）（照片7－1）等雜糧的約一千倍，因此在工業生產上極具優勢。玉米粒的構造與小麥十分不同，結構很單純，所以很適合用於調整、加工。而且玉米經過育種以後，雌穗（英語稱Ear）長在玉米稈的位置很一致，所以收割機的設定很簡單，可以一邊收割一邊剝開苞葉（外側的葉子）進行脫粒，同時也可將玉米芯（玉米穗軸）或莖葉殘渣粉碎撒在田裡，作業效率極佳。

將玉米粒加熱或經過蒸汽處理（tempering），會擴大胚

照片7-1　非洲小米（fonio）的穀粒極小（西非，尼日）

與胚乳的硬度差異，變得容易分離，藉此即可去除胚以及果皮與種皮。這個方法和殘留在日本山中村落，傳統的稗子「白蒸法」十分相似。用於食用時，會先將玉米的各個部位乾燥，再將胚芽（玉米胚芽粉）等分開收集。同時，將乾式製粉所剩餘的胚乳磨碎過篩，按照顆粒大小可再將玉米株分類成粗玉米粉（corn grits）、玉米胚芽粉（corn germ meal）、玉米粉（cornflour）、纖維豐富的纖維部、種皮等等。製造生質酒精只需有澱粉等糖類即可，未必須將各部位分離。工業用途有專用的玉米品種，這類玉米的澱粉含量高，脂肪、纖維含量低，會用在乙醇等酒精類的發酵、精製上。

生質酒精的製造

生質酒精的製造工程與燒酎差不多，過程包括「粉碎」→「糖化」→「發酵」→「蒸餾」→「精餾」。

將玉米粉碎後，首先須經過「糖化」的步驟，將澱粉轉化成酵母可代謝的糖，這個步驟會用到澱粉酶。在美國的主流製造方式「乾式製法」中，會將生質酒精專用的玉米品種穀粒整個碾碎，然後在碎粉中加水調製成黏糊狀（粥狀液體），進行糖化。

其次是製成酒精的「發酵」工程，從一個分子的葡萄糖（$C_6H_{12}O_6$）生成有兩個分子的乙醇（C_2H_6O）與二氧化碳（CO_2）。這個反應是以丙酮酸脫羧酶（pyruvate decarboxylase=PDC）或醇脫氫酶當作觸媒。將澱粉「糖化」、以酵母菌「發酵」的步驟與啤酒的釀造同樣，都屬於「複發酵」。爲了簡化製程，也有人嘗試開發了在同一個容器內同步進行「糖化」與「發酵」的「並行式發酵」法，這個方法與「日本酒」的製造方法相同。相關嘗試中，有一項研究是優轉殖酵母的研究，嘗試從近親品種中導入能分泌澱粉酶的基因到傳統的產業用酵母中。

生質酒精的製造技術其實源自於自古以來一直存在的穀物酒文化。在此，筆者要先稍微離題，談一下酒的製造方法。

全球的穀物酒可分爲兩大酒文化圈，一個是在潮濕的東亞所形成的「黴菌酒文化圈（麴酒文化圈）」，另一個是在歐洲與非洲等地發展的「麥芽酒文化圈」。

日本酒所屬的「黴菌酒文化圈」，是以麴黴菌的澱粉分解酵素進行糖化，以酵母菌發酵製造酒精。日本酒的甘味來自於以麴菌生產酵母所留下的糖類。相對地，啤酒是「麥芽酒文化圈」的代表，麥子發芽會產生大量的澱粉糖化酵素，形成糖化。然後透過存在於空氣中的酵母菌，發酵產生酒精。

啤酒的甘甜主要來自植物體的酵素，酵母未用到的殘餘糖類產生了的甜味。製造啤酒使用的是「二條大麥」。二條大麥具有兩大特點，（一）澱粉含量豐富，蛋白質含量少，（二）穀粒能產生大量的酵素，因此能迅速穩定地發酵。二條大麥中，有一種適合釀造啤酒的大粒品種「啤酒麥」（照片7–2），啤酒麥是自古以來就備受重視、刻意篩選出來的品種群。麥類的穀粒很硬，除非碾成粉或者讓麥子發芽，否則很難食用，正因爲麥子的這項缺點，才得以發展出麥芽酒的釀造技術。

照片7-2　啤酒麥的小穗。6條當中的4條已經退化，剩下的2條變成大粒。

話說回來，穀物發酵以後還需進一步蒸餾，才能精製出生質酒精。蒸餾是將混合物先蒸發之後再冷卻凝集，將不同沸點的成份分離、濃縮。這個步驟的原理和「蒸餾酒」相同。蒸餾需要先加熱，這時候需使用重油等現有的能源。但是若使用重油精製，反而會給生質酒精降低溫室氣體的效果扯後腿。近來採用的是利用電力的超音波霧化分離法，這項技術就能提高減排溫室氣體的效果。經過單純蒸餾，生質酒精中仍殘留著大量的水分，這時候就會應用石油精製時的「精餾」技術，以提高生質酒精的純度。

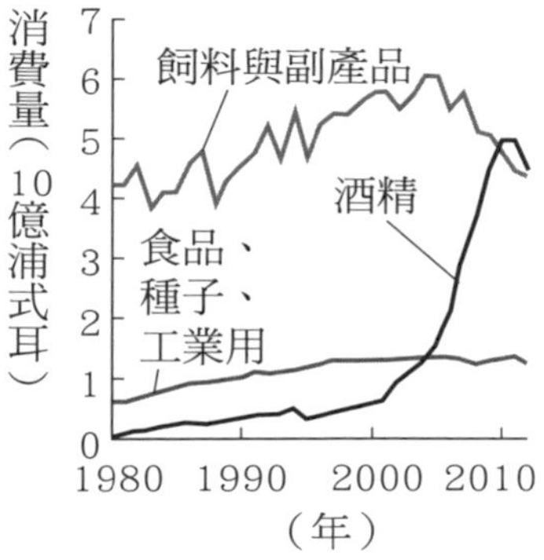

美國玉米的酒精生產（USDA資料）

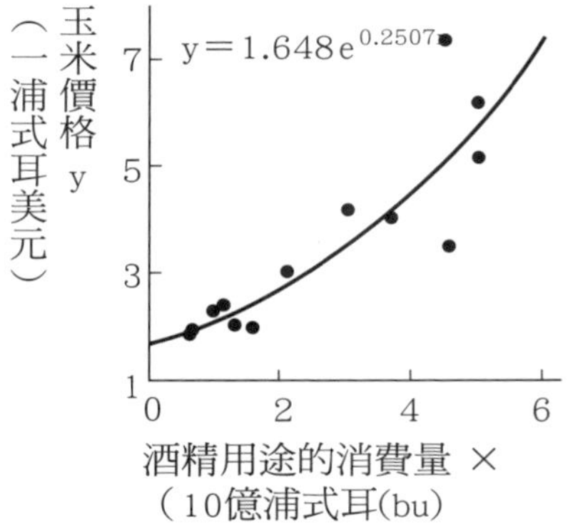

玉米價格與酒精產量的關係（2000～2012年）

圖7-2　玉米的酒精生產。「浦式耳」為體積的單位，在美國相當與35.2公升

基因改造玉米的出現

在啓動生質酒精的商業生產後，對原料玉米的需求就不斷升高，這也導致近年來原料玉米的交易價格急速攀升（圖7－2）。從二〇〇〇年到二〇〇八年原油價格上漲，生質酒精的價格也連帶地帶動升高。不過農家的玉米交易價格並未隨著原油價格水漲船高。全球的飼料用玉米需求也在成長當中，更進一步帶動玉米價格上漲。不過，穀物的市場價格不僅涉及實際的生產成本以及供需關係，還包含了人類對需求的「預測」（人的想法），決定了「行情」的變動。因此所謂的預測，其實涵蓋了對氣候、飲食習慣、政治、世界經濟、氣候變動等等的預測，內容十分複雜。

近年來，玉米用於製造生質酒精的消費量急速成長，但是食品和飼料等用途的消費量並未相對減少。這是因爲美國在其國內增加了玉米的產量，不僅耕作面積增加，每單位面積的收穫量也不斷增加。美國的玉米收穫量以及農家收益之所以能夠成長，原因之一是USDA（美國農業部）的努力，以及「Bt玉米」的推廣。Bt是一種昆蟲病原菌蘇力菌（Bacillus thuringiensis，Bt），「Bt玉米」是導入蘇力菌基因，讓玉米具備抗害蟲能力的基因改造玉米。過去，爲了對抗會吃玉米莖內部與穗的亞洲玉米螟（Ostrinia furnacalis），農家必須噴灑「有機磷」等殺蟲劑，不僅成本升高也不環保。

「Bt玉米」之所以能提高收穫量是因爲這種玉米對害蟲具有抵抗能力。當害蟲吃了Bt玉米的玉米稈，會因爲植物體中的「Bt蛋白質」造成害蟲餓死。昆蟲的消化液爲鹼性，無法完全消化「Bt蛋白質」，剩餘的Bt蛋白質會與昆蟲腸道中的受容體結合，導致昆蟲無法吸收營養素。另一方面，哺乳類的消化液爲酸性，能將「Bt蛋白質」分解爲氨基酸，而且哺乳類沒有受容體不會受傷害。蟲害減少不僅能提升收穫量，也能減少殺蟲劑的使用量，降低生產的成本。還有一個優點是，Bt蛋白質也能降低因爲害蟲啃食導致穀粒產生致癌性黴菌發生。所以在美國認爲Bt玉米這個品種具有很大的經濟效益。「Bt玉米」的確對生質酒精、飼料、食品等的穩定生產做出貢獻，但是對生態環境的負擔、對生物多樣性的影響仍存在許多未知的部份。

穀物生產是人類爲了穩定生產糧食（穀粒）與燃料（莖葉部），創造「舒適」生活而發展出的行爲。傳統的酒精（酒）是爲了安慰勞動之苦，創造「快樂」而生產，生質酒精的生產是爲了減少溫室氣體的排放，創造「舒適」生活，其實有異曲同工之妙。

但是凡事是否都能如願？其中仍有許多問號存在。地球上的耕地有限，穀物轉作燃料使用的耕種將排擠到糧食的用途。因此，不僅推高穀物的市場行情，恐怕也會造成糧食緊迫。此外，在世界各地玉米用來生產各種產品，商品價值很高，因此在經濟上恐怕也會產生嚴重的影響。

為了解決這些困境，已經有研究人員在穀物之外，也針對難以糖化，過去未被用在液體燃料用途的「纖維素類原料（木質）」進行研究，摸索將其作為生質酒精原料的技術。因此，新的酵素運用也是研究的一環。

7-2　理想穀物的樣貌

玉米的形態變化

人類為了讓穀物使用起來更方便，自古以來在有意無意間就持續進行品種改良。其中改變最顯著的性狀是多產以及作業效率。尤其以玉米最為明顯，玉米在進化的同時，形態也出現了大幅改變（圖7-3）。

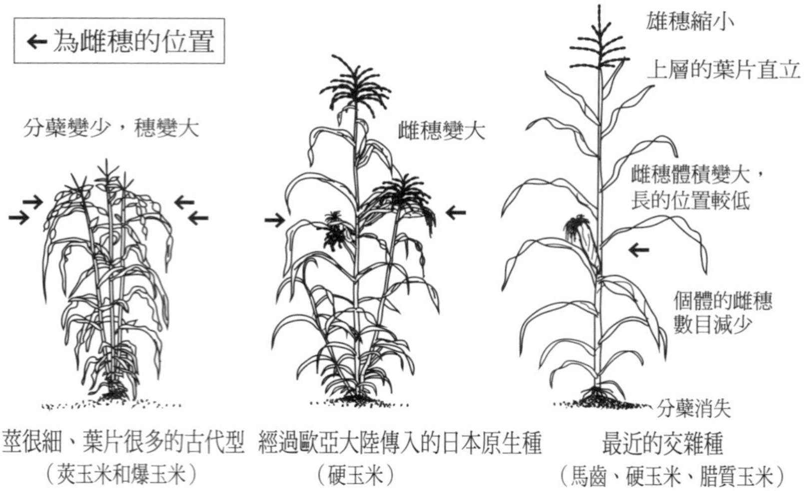

圖7-3　玉米的雜草型基因變化〔左邊爆玉米的圖取自Mangelsdorf, P.C. (1974)〕

古代的玉米穗很小，推斷當時的模樣應該長得像草，但是現代的莢玉米（pod corn）和爆玉米（pop corn）（爆裂種「基因形態」）依然保留很多古代的基因表現。爆玉米的雌穗約十公分，體積極小，穀粒也很迷你，葉片窄且植物株小巧，最特別的是分櫱非常多。

在一五〇〇年以後被帶到歐亞大陸的玉米屬於加勒比海區硬粒種（Caribbean flint），這個品種的雌穗與雄穗都長得比較大，果實堅硬不易發霉，非洲的原生物種也屬於同一型的玉米。日本推定是在一八五〇年左右（天正年間）引進，此種硬粒種玉米的雌穗約二十～四十公分大，穗的位置很高，植物株也很大，葉片寬而下垂，有數支分櫱。

一九九〇年以後從美洲大陸引進到日本的主要是馬齒種（dent corn）。近代的馬齒種玉米雌穗和穀粒的體積都很大，長在玉米稈較低的位置上，植物株體型很大，沒有分蘗，雄穗很小。這些基因上的改變除了追求玉米粒的品質外，同時也是追求收穫量與作業效率，降低貯藏損失，基因變化以後形態。

一九七〇年代以後，在機械化、密植、耐倒伏、多產品種的育種競爭中，也誕生了上層葉片變成直立型的品種。這樣的形態對集約栽培而言，在條件上屬「理想型」。上層的葉片直立，光線就可照射到群落內部，在整個群落中擴大了行光合作用的葉片面積，連到提升單位土地面積的葉片量以及群落光合作用的速度，因此生質能（biomass）也增大。這種植物體的形態稱作雜草型，是人類辛苦篩選所得的結果。分蘗消失、雄穗縮小是爲了減少同化的能量浪費，取而代之的是利用機械進行密植栽種。密植以後雌穗會縮小，植物徒長，雌穗的高度變高而變得容易倒伏。農場在篩選品種時，就會避開具有這類基因特性的品種。在使用機械栽種的先進國家，常見這類雜草型的品種，不過在高緯度夏季太陽位置較低的地方，直立葉對群落光合作用的效果很低，所以一般以下垂葉的品種較多。

小麥與稻子的理想型

前面介紹過收穫指數，也就是相對於植物整體收穫量、穀物收穫量的佔比（穀物重／整體重）。新品種的收穫指數比古老的品種增加了約百分之二十～三十。將收穫的整株玉米完全乾燥成乾玉米株時，每平方公尺約兩千公克，倘若收穫指數為百分之四十，則穀物的收穫量為八百公克（相當每公頃八公噸）。稻米和小麥的多產品種收穫量也差不多同樣程度，若升高葉片單位面積的光合作用效率或收穫指數，即可增加產量。順帶介紹，在日本創下最高產量記錄的長野縣上伊那地方，水稻多產品種的糙米收穫量為九百～一千公克，中國的混種水稻以及日本的飼料米甚至超過一千公克。

小麥和玉米相同，在形態上呈現單稈、葉片豎直，收穫指數大的品種就被視為是「理想」品種，近代的品種分蘗的數目也逐漸減少。小麥與大麥為了適應乾燥地帶的氣候，也有「相反概念」的雜草型，葉片數量較少，可降低水分的蒸發。對農地本身欠缺水資源，生產受限的地區而言，這類品種就是一種「理想」品種。但是大麥和稻子或小麥不同，大麥上長著能行光合作用的長芒，有文獻顯示在成熟期，長芒產生的光合作用量佔整體的百分之二十以上，所以大麥的理想品種不能光看葉子或麥稈決定。

稻子的「理想品種」是短稈、分蘗多，葉片豎直的形態。收穫指數很高的半矮性水稻品種曾經締造了亞熱帶亞洲地區增加稻作收穫量的記錄，因此此類形態被視為是「理想品種」。「綠色革命」的IR8、IR36等多種IR系列的品種都屬於半矮性水稻。但是這類水稻有許多無用的分蘗，在物質生產上有些多餘。而且，除非有良好的灌溉設施可以維持水田在淺水狀態，否則就

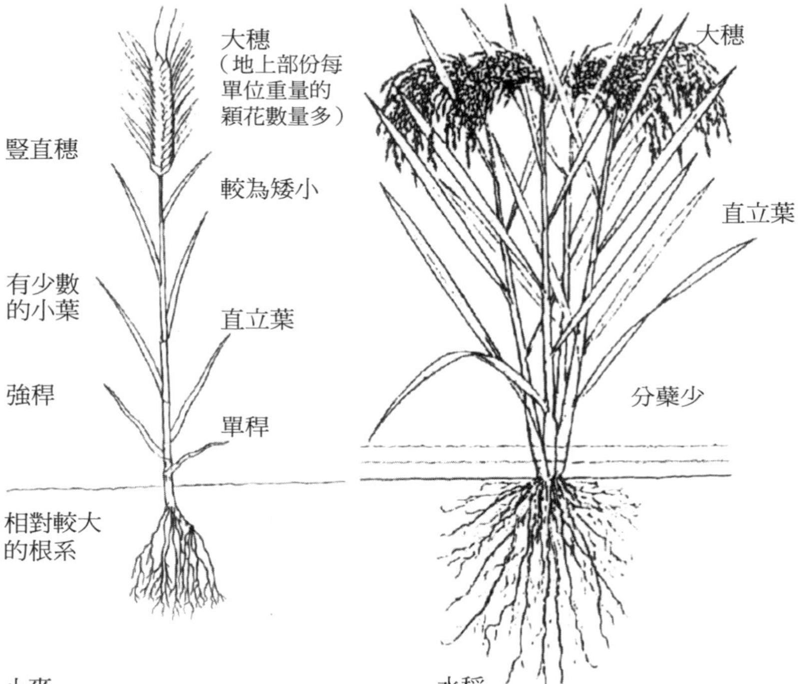

小麥
根據 C. M. Donald 資料
Euphytica 17 (1968) 385- 403.
單稈型是近代育種目標的先驅

水稻
根據 C. S. Khush 等人的資料
The IRRI Reporter 3/91 (1991)
從「綠色革命」的小穗多分蘗
轉型少分蘗型

圖7-4　理想雜草型的小麥與稻子的育種
以吉貝素（gibberellin）生成抑制基因培育出矮性。

無法種植短稈品種。另外一個問題是分蘗多的水稻根也比較淺，在土壤中的養分吸收能力較差。

因此，國際水稻研究所所提倡的是九十～一百公分左右的中等稈長，分蘗在一～六支之間的「新雜草型」（圖7-4）。過去IR系列的水稻品種，每一株會長出二十～二十五支分蘗，因此新雜草型的育種目標就是大幅減少分蘗數目。在熱帶亞洲原本就有穗數少，每一

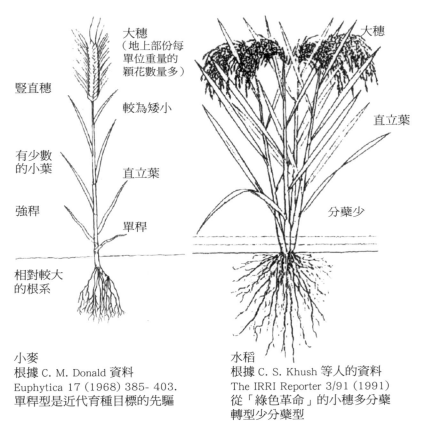

支穗都很大的原生品種，「新雜草型」可能就是將此原生種育種成短稈豎直葉的形態。

這些都是追求多產品種所培育出的理想形態特徵。所有的穀物都面對一個共同的問題，就是分蘗少的品種，很難靠單株分蘗的力量長滿整片耕地，因此栽種的前提就是須採精密的栽培管理。此外，在非洲等地的開發中國家，莖、葉本身被利用作爲煮食時的燃料或興建住家時的建材，因此像先進國家近代品種這類莖葉較小的品種不太受歡迎。玉米和高粱（Sorghum）的晚生種能善加利用雨季期間行光合作用，增大生質能，因此對資源貧脊的地區而言就是一種理想品種。

單純只思考穀粒的收穫量往往會誤導對產能的認知。

7－3 水田的溫室氣體

甲烷的溫室效應

水田比一般田地更優秀。因爲（一）天然養分的供應量豐富，（二）屬厭氧環境，因此有機物的分解速度較慢，較有機會累積，（三）微生物能固定氮素，（四）pH值中性，磷酸吸收良

照片7-3　世界各地水稻急速增加（中國雲南省哈尼族的梯田）

好，（五）土壤的傳染性病害少，（六）均平化，能減少土壤的侵蝕等等。在東亞水資源豐富的地區，水稻可說是最佳的穀物。

在日本，即使不刻意投入資材，只要沒有災害發生每平方公尺土地可收穫一百～一百五十公克的糙米（每公頃1公噸以上）。缺點是水稻需要土木力，而且生長在厭氧的環境中，所以會產生大量的「溫室氣體」——甲烷（CH_4）。據說二戰後經過五十年，全球水稻面增增加了一・七倍，想必對空氣環境也造成很大的負擔（照片7－3）。

太陽輻射很容易穿透地球的大氣。地球的地表吸收了太陽輻射後，就轉化爲熱能。地球的熱會轉換成紅外光釋放到太空，但是若二氧化碳的濃度太高，地表釋放出去的紅外光較過去被二氧化碳吸收的量大，這個熱又再輻射到地球地表，所以大氣層的溫度會升高，這就是地球暖化的發生機制。「溫室氣體」是一種「紅外光活性氣體」，能吸收存在分子震動與依存旋轉的紅外光波長，不同的分子種類能吸收特定範圍與強度的紅外光波長分佈。

溫室氣體觀測技術衛星「氣息號（IBUKI）」就是利用這樣的氣體特性，監控能清楚呈現氧氣、二氧化碳、甲烷吸收作用很顯著的短波長紅外線以及熱紅外線，從地球輻射出的紅外線強度監測大氣中這些氣體的狀況。

二氧化碳與水蒸氣接近飽和，甲烷的吸收頻率範圍與前二者不相重疊，溫室效果很高，約為二氧化碳的二十倍。在工業革命發生的十八世紀以前，甲烷的濃度約為〇・七二百萬分率，但是年，全球的平均值升高到一・八二百萬分率（世界溫室氣體資料中心〈WDCGG〉）。根據二〇一〇年的觀測值顯示，包含日本在內的東亞與印度是夏季到秋季甲烷濃度最高的地區之一。

由此可見，在日本夏季的水田地帶，甲烷與二氧化碳實際上發生何種變動是一個很大的問題。尤其是最近的夏季氣溫很高，水田裡的甲烷生成菌的活動變得更為活潑，推斷釋放的甲烷量也很龐大。

水田的溫室氣體動態

日本水田可生產的穀物有水稻和稗子。這些穀物品種生成甲烷量最多、對大氣環境影響最

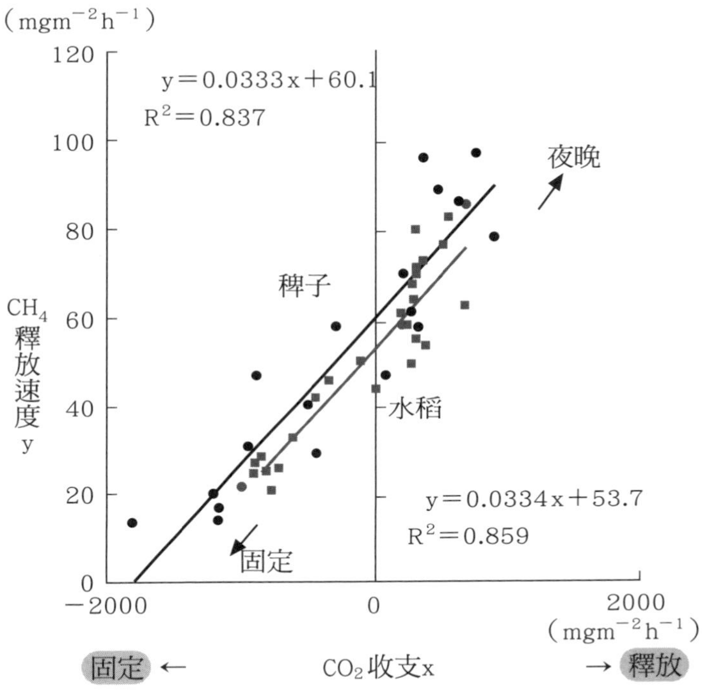

（信州大學的水田，晴天，出穗期，2008年8月7日～1日，每小時的平均）

圖7-5　水田中穀物生產對溫室氣體收支所造成的影響
（信州大學的水田，在晴天，出穗期，2008年8月7日～1日，每小時的平均）〔宇佐美早紀、村田溫香、加藤太、春日重光、井上等人的資料〕

大的時期是出穗期的前後，觀察這段期間的晴天進行比較時，可發現兩個品種的活動很類似（圖7－5）。稻米觀察的品種是越光米，稗子是日本靜岡縣井川原生的半矮性品種。這兩種穀物在白天同樣都會吸收二氧化碳（＋），甲烷釋放量很低。到了夜晚釋放二氧化碳（－），甲烷的釋放也加速。同時已經確定稗子日夜的差異比水稻還大。除此之外，陰天時，這個傾向就完全消失。

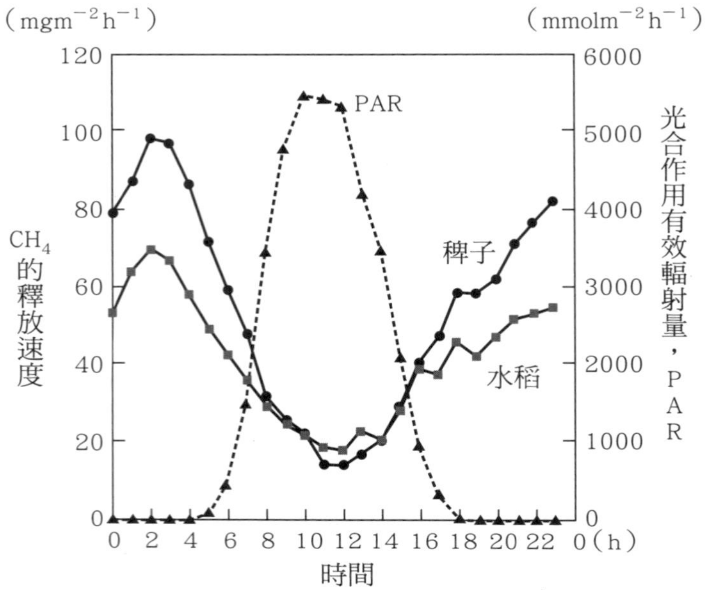

圖7-6　水田的甲烷釋放速度與一天中的日照變動

稗子在葉片內部存在CO_2的濃縮機構，在高溫條件下光合作用的速度很快。在測量所使用的隧道式塑膠棚內，白天氣溫高達三十℃以上，因此稗子出現最大較水稻高約近兩倍的CO_2固定能力，也抑制了甲烷的生成。這顯示由於光合作用生成氧氣並擴散，根圈土壤酸化，結果讓水田土壤中的甲烷菌活動力降低。水稻與稗子在顯示二氧化碳與甲烷關係的斜線角度都相同，可見光合作用（橫軸爲包含實際土壤呼吸在內的收支）抑制了甲烷的釋放速度（縱軸）。葉片因爲光合作用的光反應（light reaction）釋放氧，但是在根部的成長與養分吸收進行的是有氧呼吸，也會消費氧氣，因此白天從葉片到根部的氧氣移動量很大。

觀察光合作用有效輻射量（RAP，

四百～七百奈米波長的光量子數）一天之內的變化以及甲烷的變動，即可確認光合作用如何降低水田的甲烷釋出（圖7－6）。光合作用的反應是葉綠素只要吸收了光子就會產生的反應，因此重點不在光子帶有多少能量，而是葉綠素能所吸收之四百～七百奈米可視光領域每單位面積・單位時間可作爲PAR（Photosynthetically active radiation）光合作用有效輻射能量使用的單位光子數量。圖7－6中，甲烷的釋放峰值出現在深夜，在德國的馬克斯・普朗克研究院（Max- Planck Institutes）的密閉箱報告（Seiler等人）顯示爲夜晚二十二時左右，中國海南島與長野縣伊那市手良的水田中，利用渦相關法測量到的時間是深夜二時～清晨四時（楊重法、早川知伊、吉川安娜、井上等人）。這些時間點的差異，可能是因爲白天光合作用造成根圈酸化的影響、土壤溫度對細菌活動的直接影響、根分泌到土壤中的有機物造成菌類活化的影響。儘管水田的溫室氣體動態十分複雜，但今後應該有機會進行模擬。

甲烷菌屬厭氧性菌，因此在水田多產栽種所實施的精密灌溉方法具有抑制甲烷發生的效果。有文獻報告，放乾水田時可減少百分之五十的甲烷生成，在斷續灌溉中，若能維持土壤的氧化還原電位不低於二〇〇mV，可減少百分之二十的甲烷釋出。因此，透過栽培管理應可大幅改善甲烷釋出的情形。不過這一些都是以灌溉基礎建設完備爲前提，在亞洲的許多國家執行仍有困難。

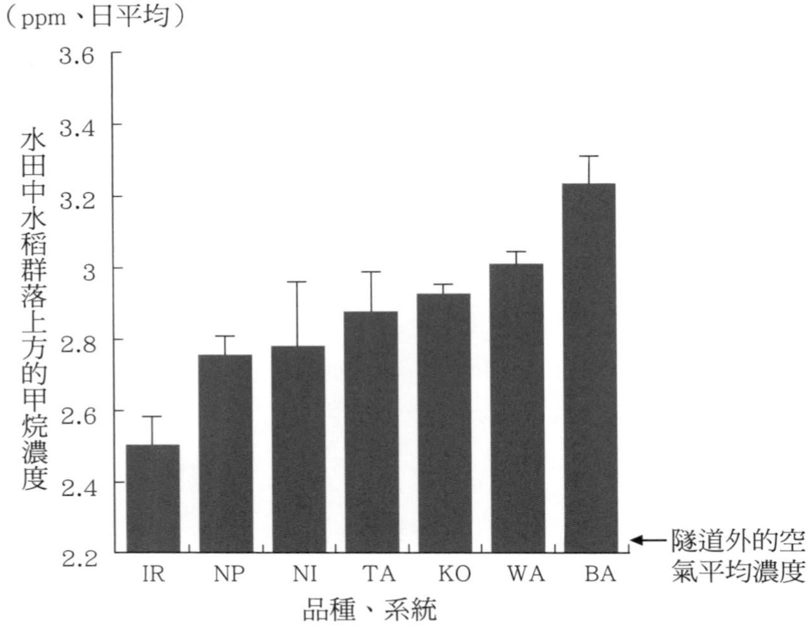

〈記號：品種名稱，特徵〉

IR　：IR72，秈稻多分櫱型的多產品種

NP　：IR65564-44-2-2，秈稻 × 熱帶型粳稻，分蘖少、大穗的新雜草型多產品種

NI　：日本晴，1963年育成的粳稻多產品種

TA　：竹成，1874年育成的古老粳稻品種

KO　：越光米，1956年育成的古老粳稻品種

WA　：WAB450-1-B-P-38-HB，非洲種植用NERICA品種 非洲稻 × 水稻（秈稻）

BA　：Banten，穗大分蘗少，古老的熱帶粳稻品種

在出穗期前後5日之間，每隔20分鐘測定一次。早川知一、吉川安娜、笠島真也、春日重光、加藤太、井上等人（2007- 2012）

圖7-7　水田中各種水稻品種之甲烷釋放量的比較

利用品種控制的發展

若無法透過栽培管理控制甲烷釋出量，那麼透過品種來控制是否可行？

以甲烷生成最活潑的出穗期爲對象，我們比較了各種雜草型水稻發現，不同品種的水稻甲烷的釋放量也不同。釋放量最大與最小的品種，群落上方的甲烷濃度差異一・三五倍，秈稻的多產品種ＩＲ顯示較高的甲烷抑制力（圖7－7）。若以甲烷的溫室效應是二氧化碳的二十倍計算，再觀察換算成CO_2的溫室效應觀察品種間差異可以見到，Banten這個品種的溫室氣體產生量是ＩＲ72的七倍（○・三五×二十倍）。

透過比較地上的生質能、分蘗數、作物高度、根重、根的出水速度（顯示根生理活性的指標之一）觀察不同品種之所以出現大幅的差異時，可以發現根部越重甲烷的釋放速度越快的相關性（$\gamma=0.93$, $p<0.01$）。推測根又粗又大、穗與稈也比較大型、分蘗少的傳統品種，因有機物的供給活化了甲烷菌的影響大於氧從根朝根圈闊算的影響。

傳統的ＩＲ品種、ＩＲ新雜草型品種、日本晴這些多產品種都是在登熟期以前光合作用很旺盛的多產品種。這些數據帶給我們一線希望，多產與抑制溫室效應氣體問題的解決有可能可以兼顧。

7-4 兼顧高產量與低環境負荷

葉片的分析

進入二十世紀後，氮肥已經可以便宜且輕易地取得，讓禾本科的穀物生產能突飛猛進。但相對地，也因爲效果太好導致農民完全仰賴氮肥的效果，導致環境負擔增大，這一點必須加以改善。多產的品種的確有助於降低空氣環境的負擔，但是除了仰賴品種外，人類還須開發新的栽培方法以求改進。過去日本開發了水田的精密栽培技術，生產者的栽培技術世界一流，生產者根據每天觀察到的葉片色澤、水的狀況、莖、穗的模樣，建立起生產的方法。今後，站在這個成就基礎上，除了生產者的「直覺」外，更應該發展的是非接觸、非破壞性的測量技術來掌握作物的生理與環境的新栽培方法。

植物營養學、肥料學以及作物學是農業學的重要領域，「葉片分析」的方法十分發達。葉片分析從觀察葉片的可視色彩開始，一直發展到礦物質的分析。二戰以後，松島省三先生開發出使用與葉片葉綠色反射同樣色澤的青綠~黃綠（五百~六百奈米）的線製作的「葉色板」，對追肥技術的精密化做出貢獻。而且在二戰後冷戰時期，爲了監視敵對陣營的零食生產狀況，還分成幾

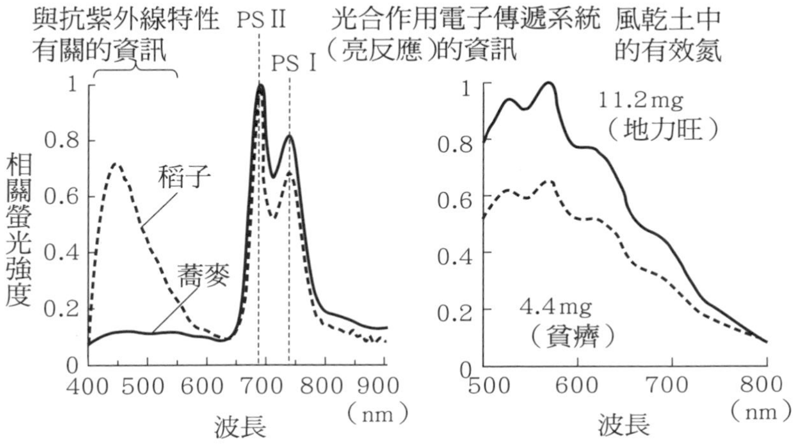

a·脈衝紫外雷射誘發的葉片螢光

相對螢光強度是以685nm的螢光強度作為基準1時的相對值。可推定光合作用的光化學合成與二次代謝物質含量。
關沼幹夫、井上（2013）抗紫外線特性的評價部位根據的是小森愛子的HPLC螢光

b·紫色雷射光誘發的土壤螢光

相對螢光強度是以568nm的螢光強度作為基準1時的相對值。分析土壤中易分解氮用之光譜。
織井孝治、井上（2012）之資料

圖7-8　利用雷射誘發螢光分光法進行穀物葉片與土壤的非破壞性測量

種波長分析人造衛星的影像（稱作「多頻譜（multi- spectrum）分析」）。綠色植物的葉綠素在紅色六百八十奈米附近的吸收良好，但是在近紅外線七百五十奈米附近的反射很大。這兩個波長之間稱作「紅光臨界（red edge）」，是吸收與反射的差極大的波長帶，因此只要運用這個波長帶，即可利用遙測技術推定葉片量、生質能。

光合作用的亮反應中，有一個稱作「光系統II（Photosystem II）」、將光能轉化成化學能的路徑。只要觀察光照射下葉綠素釋放的螢光，即可看到吸收能「移動方向」的變化。葉綠色吸收了光之後，該能量就會出現以下的任一種狀況：

（一）備用於光系統II的光化學合成中，（二）變成熱釋放，（三）以螢光的形態釋放。在可進行光合作用的條件下，大部分的能量都流向光化學合成的用途上。

以強光照射葉綠素給予光能時，受容體全部都會接收到來自光系統II反應中心的電子，變成還原狀態，此時即使繼續照射更強的光，光系統II也不會有更多的電子傳遞，從光系統反應中心就會發出螢光。比較此時葉綠色接受強光的狀態與無光照射的狀態，就可以推定流動在光化學合成的能量比例。

脈衝紫外雷射（三百七十五奈米）能產生極強的能量、在瞬間發光，因此當葉綠素很豐富、光系統II（圖7-8a的PSII）與I（圖7-8a的PSI）能充分發揮功能時，螢光也會很強。而且PSII與PSI的螢光波長不同，所以只要掌握相關的峰值，即可感測光反應的兩個過程。在光合作用光反應機能退化的葉片上，即使外觀的色彩看似相同，但是仔細研究光譜可以收集到詳細的生理訊息。

此外，利用脈衝紫外雷射誘發螢光法也可推定穀物葉片的抗紫外線特性。三百七十五奈米的紫外線屬UV-A的範圍，對穀物的生產有害，隨著地球環境的改變，近年來此紫外線量越來越高。蕎麥屬於紫外光豐富有強光照射的高地穀物，稻子則屬於低地光線較弱地區的穀物。蕎麥的葉片表皮能反射、吸收紫外線，光線不易穿透，葉肉即使出現螢光也會在表皮進行二次吸收，所以不易出現螢光。蕎麥含有大量的多酚類芸香甘（Rutin），這些成份具有「遮陽傘效果」，能提高抗紫外線的能力。蕎麥的螢光光譜與稻子差異很大，一般認為這個波長帶的螢光有助於評估光的環境壓力。

雷射誘發螢光分析技術

利用光進行環境測量始於一九八〇年代的近紅外線分光分析。只要有植物體或土壤中存在幾個百分點的物質量即可測量，這項技術被用於穀物成份等的分析上（參照第6章）。但是若只有百分之〇・〇〇〇一～〇・〇一（一百公克中一～十毫克左右）的微量成份則很困難。在此同時，誕生於一九六〇年的雷射在一九八〇年以後逐漸進入實用階段，分光技術愈來愈進步，也被應用在農業方面。雷射光為單色且具有指向性，強度強，波長正確因此很適合用作分析時的光源。因此在原子、分子、生物體的分析上貢獻良多。雷射誘發螢光分析技術可分析土壤中微量的有機成份。圖7－8b是風乾土壤利用紫色雷射光（四百零五奈米，連續光）誘發所得的螢光光譜例。根據此光譜，以微分求出光譜的傾向，然後再利用化學數學的方法，即可瞬間推斷出「地力氮素（有效氮素）」以及有效磷酸等土壤主要的化學特性，而且不須使用藥物，這在過去是必須耗費四週時間才能完成的分析。

越來越多利用這些技術所開發的方法，讓我們不僅能掌握葉片的生理狀態，同時可發展出不須使用藥品的化學分析即可利用光源，以非接觸、非破壞方式測定土壤環境，減少資材投入的以數據爲基準的精密栽培法。

這些技術可能就是農家擺脫「直覺」式生產的一種對策。

7-5 純化？多樣化？

對氣候變遷的承受力

農耕文化從一萬多年前持續至今，生產者也不斷進行穀物的基因改良。但是到了近代分工愈來愈細，分別發展出育種專業領域與種苗產業，農業已經來到了轉型期。約從一百年前起，農業發展出收穫能力與抗環境壓力能力，也開始追求更高的勞動生產性與品質良好的品種。

在第二次世界大戰前後，純系育種十分發達，交配簡單，運用雜種優勢（Heterosis）栽培出許多F_1品種。最早開始進行育種的是可自花受精或他花受精、經除雄後交配容易且變異性大的玉米。這樣的技術發展增大了生質能，而且產量更大。到了約二十五年前，在中國等地也開始嘗試對不易他花受精的水稻進行育種，原生品種逐漸失勢。到了近二十年來，亞洲各地栽種的都是類

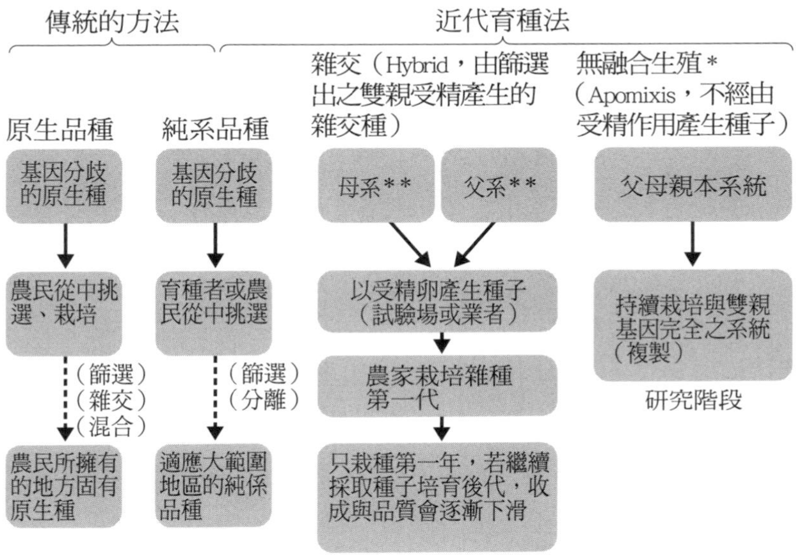

*無融合生殖

指花長出來時有同樣基因的「繁殖體」附著，與「扦插」利用營養器官增殖的方法不同。利用無融合生殖的特性，即可以單一個體複製出基因相同的個體，被用來源泉固定出現雜種優勢之第一代雜種的基因上。例如作為牧草的畿尼亞草（Guinea grass）為例，就是在經過有性生殖交配不同系統以後，再利用無融合生殖的方式將基因特徵完全維持、固定。育種者也將無融合生殖技術引進用在過去未曾使用此方法的穀物上，嘗試繁殖第一代雜種的品種。小麥已經找到可利用無融合生殖進行繁殖的系統進行育種，但是稻子則尚未找到。儘管這逢骯法可以進行「極致的育種」，但也與一般的有性生殖不同，會造成穀物基因多樣性極具消失，十分危險。

**基因改造作物（GM 作物的 GM 為 genetically modified 的縮寫）

指將「目標」的基因性狀導入親本系統，或將其刪除。再遺傳學與生化學代謝研究發展之下，開發出基因改造的技術。反義RNA法（能與mRNA一起產出輔助的RNA，抑制目標蛋白質生成合成的方法）被利用在抗除草劑特性、耐病蟲害特性、增加貯藏性、改變成份之食品等用途上。

圖7-9　雜交（Hybrid）生殖與無融合生殖

似的近代品種，古代品種逐漸消失。

近來在育種的發展中也利用無融合生殖（apomixis）的方式。這種方式是不經由受精作用的增殖複製，類似「分株繁殖」的做法。部份的禾本科植物會出現無融合生殖的情形，育種者也努力將其導入穀物的育種上。無可否認，利用基因改造技術或無融合生殖確實可能可以大量增殖出極為優秀的系統，但在此同時，也存在基因純化導致病害帶來大災難的危險性，也可能受到環境變遷受到嚴重打擊（圖7－9）。

在對此類技術的無窮潛力抱持希望的同時，我們也應仔細思考技術帶來的風險。在人為推動穀物基因資源純化當中，就曾經發生一九七〇年在全球流行的玉米枯葉病的人禍，導致玉米歉收。在有效運用F_1品種時所使用之具有T型細胞質雄不稔性基因的品種，耐病性非常的弱。

觀察最近一百年的氣候變遷，溫室效應氣體急速增加導致地球逐漸暖化。另一方面，研究認為，太陽的活動週期可分成以約十一年為單位的小週期以及以約五十五年為單位的大週期。而且，實際上每隔約十萬年地球就會出現一次冰河期。有文獻報告目前的地球正開始邁向寒冷期，在一併思考這些問題時，我們很難認同「這一百年左右所篩選出來的近代品種群中，存在著基因能力足以克服如此巨大氣候變動的品種」。

倘若近代科學無法趕上氣候變遷的腳步，我們也需要有自然哲學方面的思考，例如「對大自然的多樣性懷抱敬意，順其自然」。「宇宙中不存在絕對的事物（或許有也說不定……），科學追求的只是相對的確實性」，透過科學所得的應用技術可能只是相對性的技術。所以我們需要為常識做靠山的「哲學」。哲學是讓我們認知到傳統的品種與雜糧類很重要的根據。

專欄　基因改造米「黃金米」

在大部分國家，為了提高穀物的味道、品位都會透過精白作業，磨掉穀物的果皮、種皮、糊粉層。而且在世界各地的文化中，也認為白色穀物比較貴重，品位較優，尤其是經過精白的白米在全世界都受到歡迎，即使是開發中國家也一樣。

隨著白米的消費增加，也容易引發維他命A缺乏症。此外，在亞洲、非洲、拉丁美洲等約三十個國家出現了嚴重的營養、健康的問題。

因此，育種研究員提出了導入具有生物合成（Biosynthesis）維他命A前體之黃色植物色素（β-胡蘿蔔素）基因的基因改造作物。這種基改作物名為「黃金米（Golden Rice）」，黃金米是導入了生物合成黃色玉米品種之β-胡蘿蔔素基因的白米。這項研究是希望讓人們光是食用主食就能減少缺乏維他命A所引發的夜盲症，是一個劃時代的創意，其實在玉米、高粱也有名爲「紅蘿蔔」的品種，將作物所含的紅色和黃色色素的含量進一步提高。

這些計畫是爲了解決營養問題的人道支援開發計畫，但是無可否認，也可能因爲與原生種雜交損傷了地方固有的基因資源，或者是導致地方飲食文化變樣的危險。

在同樣的人道支援概念下，也有研究正在開發種子中存在霍亂疫苗的基改稻米。在一項以老鼠爲對象的實驗顯示，老鼠身上產生了對抗霍亂毒素的抗體，改善了腹瀉。未來稻米的種子可能也可成爲口服霍亂疫苗的一種。

霍亂的毒素包含會引發腹瀉與嘔吐的A亞基（A subunit）以及促進毒素與腸道黏膜結合的B亞基（B subunit）構成。其中在單獨的狀態下不具毒性的B亞基可望開發成能預防感染的口服疫苗，因而備受矚目，具有潛力可發展成便宜、攜帶方便之口服疫苗。

除此以外，利用在水稻中導入玉米的C_4類二氧化碳固定迴路，培育出耐高溫、乾燥的基因改造水稻的研究也在積極推動當中。

這類基因改造穀物蘊藏著各種潛力，但是不僅需要室內、野外的栽培試驗，還需要經過更多的臨床試驗，從生命倫理、環境倫理充分研議。

結語

本書主要是由基礎的內容所構成，但是也同時涵蓋了最新的研究成果。例如書中敘述了一些有關水稻生理生態的新知。其中一例就是稻子在年幼時會先在莖葉部累積澱粉，待出穗後即高速地將澱粉分解，傳送到稻穀中。如此一來出穗後即使日照不足，稻子也能夠結果，這樣的策略的確非常符合稻子的風格。此外，在亞洲各地同步進行澱粉傳送速度的實驗時，也確認到傳送速度受溫度影響，其中存在最佳溫度。根據這項實驗的結果，可以推定近來在地球暖化下，稻米品質變差的原因之一源自於莖葉部的澱粉分解，以及在穀粒合成雙方的停滯所造成。透過仔細地一一解開這些生理生態的形質，即可進行基因分析，以有助於未來多產品種的開發。

在比較三大穀物的部份，我說明了各種穀物的葉片構造、二氧化碳的擴散效率、日照使用效率以及光合作用迴路的不同，如何造成適合種植地區的差異。另外，我也敘述了稻子與麥子對日長反應以及光質的反應完全相反，但是稻子與麥子都利用水資源豐富的時期進行營養成長，在乾燥時期即將開始前，在巧妙的時間點進行生殖成長。這一點顯示，即使品種不同，但是植物的形態、生活史都圍繞著珍貴的水資源構成。此時植物的生殖成長並不按照每年變動程度很大的降雨時期啓動生殖成長的時間點，而是視光的資訊決定。讀者們應該也可從這裡了解，植物的生長策略並非按照不穩定的水環境決定時期。

穀物今後的研究目標，應該是關於如何兼顧產量的增加與環境負擔的降低，如何尋找與能源生產不相矛盾的道路，其中的課題多如繁星。我將希望寄託在各位年輕的研究人員身上。

最後我要感謝長年以來不論是在研究所或大學生活中，在背後默默支持我的妻子。同時我也要向研究室博士課程的十位博士生，以及各位學生諸君致上謝意。

本書的出版承蒙講談社BLUE BACKS出版部的中谷淳史先生在內容與構成上給予我許多協助，我要特別在此獻上我的感謝之意。

二〇一四年五月

井上直人

参考書籍

【加工・成份】

三輪茂雄（1978）臼（うす）、法政大学出版局

小原哲二郎（1981）雑穀—、その科学と利用—、樹村房

Kent, N. L.（1983）*Technology of cereals (3rd Ed.), Pergamon press*

竹生新治郎 監修（1995）米の科学、朝倉書店

長尾精一 編（1995）小麦の科学、朝倉書店

Kulp, K. et al.（2000）*Handbook of cereal science and technology (2nd Ed.)*、*CRC Press*

Owens, G et al.（2001）*Cereals processing technology, CRC Press*

Dendy. D.A.V. et al.（2001）*Cereals and cereal products : Chemistry and technology, Aspen Publishers, Inc.*

Belyon P. et al.（2002）*Pseudocereals and less common cereal, Springer-Verlag, New York*

井上直人ら（2001）雑穀入門、日本食糧新聞社

【料理・營養】

中尾佐助（1972）料理の起源、NHKブックス 173

阪本寧男（１９８９）モチの文化誌―日本人のハレの食生活、中公新書　９４７
近藤正二（１９９１）新版　日本の長寿村・短命村、サンロード出版
吉村作治（１９９２）ファラオの食卓―古代エジプト食物語、小学館ライブラリー
デポルト著、見崎恵子訳（１９９２）中世のパン、白水社
石毛直道（１９９５）文化麺類学ことはじめ、講談社文庫
鷹觜テル（１９９６）健康長寿の食生活―足で求めた人間栄養学、食べもの通信社
安達巌（１９９６）パン、法政大学出版局
舟田詠子（１９９８）パンの文化史、朝日選書
俣野 敏子（２００２）そば学大全―日本と世界のソバ食文化

【民俗學・民族植物學】

阪本寧男（１９８８）雑穀のきた道　ユーラシア民族植物誌から、ＮＨＫブックス　５４６
阪本寧男 編（１９９１）インド亜大陸の雑穀農牧文化、学会出版センター
Harlan, J.R.（１９９２）*Crops and man*（2nd *Ed.*）, *Amer. Soc. Agron., Crop Sci. Soc. Amer.*
渡部忠世・深澤小百合（１９９８）もち（糯・餅）、法政大学出版局
森島啓子（２００１）野生イネへの旅、裳華房

Brookfield, H.（2001）*Exploring Agrodiversity, Columbia University Press*

山口裕文・河瀨眞琴 編著（2003）雑穀の自然史〔その起源と文化を求めて〕、北海道大学図書刊行会

森島啓子（2003）野生イネの自然史〔実りの進化生態学〕、北海道大学図書刊行会

Murphy, D.J.（2007）*People, Plamts and genes, Oxford Univ. Press*

吉野裕子（2007）日本人の生死観　陰陽五行と日本の民俗、吉野裕子全集5、人文書院

安室 知（1999）餅と日本人、雄山閣出版

佐藤洋一郎・加藤鎌司 編著（2010）麦の自然史〔人と自然が育んだムギ農耕〕、北海道大学出版会

増田昭子（2011）雑穀の社会史、吉川弘文館

佐々木高明（2011）改訂新版　稲作以前—教科書がふれなかった日本の農耕文化の起源、洋泉社

賈德・戴蒙 著，王道還、廖月娟 譯（1998）《槍炮、病菌與鋼鐵：人類社會的命運》時報文化出版（中文繁體版）

【作物・栽培・育種學】

松島省三（1973）稲作の改善と技術、養賢堂

全国食糧事業協同組合連合会　編（1974）米の品種　水稲うるち米、不二出版

Mangelsdolf, P.C.（1974）*Corn: its origin, evolution, and improvement, Cambrige, Mass.: Harvard Univ. Press*

星川清親（1980）新編　食用作物、養賢堂

吉田昌一、村山　登ら訳（１９８６）稲作科学の基礎、博友社、（ＩＲＲＩが１９８１年に刊行）
松尾孝嶺（１９９０）稲学大成　第二巻　生理編、農文協
ＮＲＣ編（１９９６）*Lost crops of Africa Volume I: Grains, National Academy Press*
Walsh J. R.（２００１）*Wide crossing: The West Africa rice development association in transition, 1985-2000, Ashgate Publishing Ltd.*
Bothman R. et al.（２００３）*Diversity in barley*（*Hordeum vulgare*）, *Elsevier*
戸澤英男（２００５）トウモロコシ　歴史・文化・特性・栽培・加工・利用、農文協
McCann J.C.（２００５）*Maize and grace, Cambrige, Mass: Harvard Univ. Press*
高橋英一（２００７）作物にとってケイ酸とは何か—環境適応力を高める「有用元素」、農文協

【生理生態學】

Thomas, B.ら（１９７７）*Photoperiodism in plants, Academic press*
Loomis, R.S. and Connor, D. J.（１９９２）, *Crop ecology: Productiveity and management in agricultural systems. Cambridge Univ. Press*
Lambers, H. et al.（１９９８）*Plant physiological ecology, Springer-Verlag, New York*
Egli, D.B.（１９９８）*Seed biology and the yield of grain crops, CAB international*
ラーヒャー著、佐伯敏郎監訳（１９９９）植物生態生理学、シュプリンガー・フェアラーク東京

【分析方法】

Osborne, B.G. et al.（１９８６）*Near infrared spectroscopy in food analysis, Scientific and Technical*〔近赤外分光分析について概説〕

川端晶子（１９８９）食品物性学　レオロジーとテクスチャー、建帛社

Bredemeier, C.（２００５）*Laser-induced chlorophyll fluorescence sensing as a tool for site-specific nitrogen fertileization: evaluateon under controlled environmental and field conditions in wheat and maize, Shaker, Verlag*〔レーザー励起クロロフィル蛍光分析について概説〕

Zude, M. 編（２００８）*Optical monitoring of fresh and processed agriculturel arops. CRC Press*〔レーザー励起蛍光分析について概説〕

十六～二十劃

二十一～二十五劃

十一～十五劃

索引

【依英文字母排序】

【依筆劃排序】

一～五劃

六～十劃

國家圖書館出版品預行編目（CIP）資料

美味穀物的科學：從水稻、玉米、小麥、蕎麥、雜糧的進化，
人工栽植技術到營養價值分析 / 井上直人著；黃怡筠譯. — 初版.
— 臺中市：晨星, 2020.12
面；公分. —（知的！；170）

ISBN 978-986-5529-70-3（平裝）

1.禾穀 2.稻米 3.農作物 4.栽培

434.11 109014746

知的！170

美味穀物的科學

從水稻、玉米、小麥、蕎麥、雜糧的進化，人工栽植技術到營養價值分析

作者 井上直人
譯者 黃怡筠
編輯 李怜儀
校對 李怜儀
封面設計 尤淑瑜
內文圖版 さくら工芸社
美術設計 曾麗香

創辦人 陳銘民
發行所 晨星出版有限公司
407台中市西屯區工業30路1號1樓
TEL：04-23595820FAX：04-23550581
行政院新聞局局版台業字第2500號
法律顧問 陳思成律師
初版日期 西元2020年12月01日

總經銷 知己圖書股份有限公司
106台北市大安區辛亥路一段30號9樓
TEL：02-23672044 / 23672047FAX：02-23635741
407台中市西屯區工業30路1號1樓
TEL：04-23595819FAX：04-23595493
E-mail：service@morningstar.com.tw
網路書店 http://www.morningstar.com.tw
訂購專線 02-23672044
郵政劃撥 15060393（知己圖書股份有限公司）
印刷 上好印刷股份有限公司

定價420元

ISBN 978-986-5529-70-3